常見疾病保健植物手冊

黃世勳、洪心容／撰文

本書所載醫藥知識僅供參考，使用前務必請教有經驗之專家，
以免誤食誤用影響身體健康。

中華民國100年9月 編印

目　次

凡　例

本手冊收錄臺灣民間常用保健植物200多種，依中醫五臟(六腑)將病名分類，而收載之保健植物雖各自具有多樣性的功效，但依民間之主要應用習慣僅歸類於某一種病名項下，而每種保健植物皆依中文名、學名、別名、科名、功效、編語各項次序，給予系統說明，其中「功效」爲了保有該保健植物之多樣性功效，以利讀者應用之查閱，不針對其所屬病名說明，而採一般性的綜合說明。

1.中文名：採用臺灣地區中醫藥或植物領域相關書籍，較常用之名稱。
2.學名：即拉丁文植物學名，其中屬名及種名均用斜體字，命名者用正楷字，又屬名及命名者之第1字母均用大寫。
3.別名：植物之別名極多而繁雜，限於篇幅，以臺灣地區慣用者優先採用，其他分散於中國古今名著者，斟酌摘錄。
4.科名：正楷字，第1字母大寫，並附中文。
5.功效：列舉歷代諸家本草所錄各藥用部位之效能，以及臺灣民間經驗之療效。
6.編語：編輯群自覺對該植物有意義之小常識，隨筆紀錄。
7.關於藥材圖片：每圖皆有尺規，該尺規最小刻度爲0.1公分。

人體五臟(六腑)與宇宙五行相生相剋關係圖

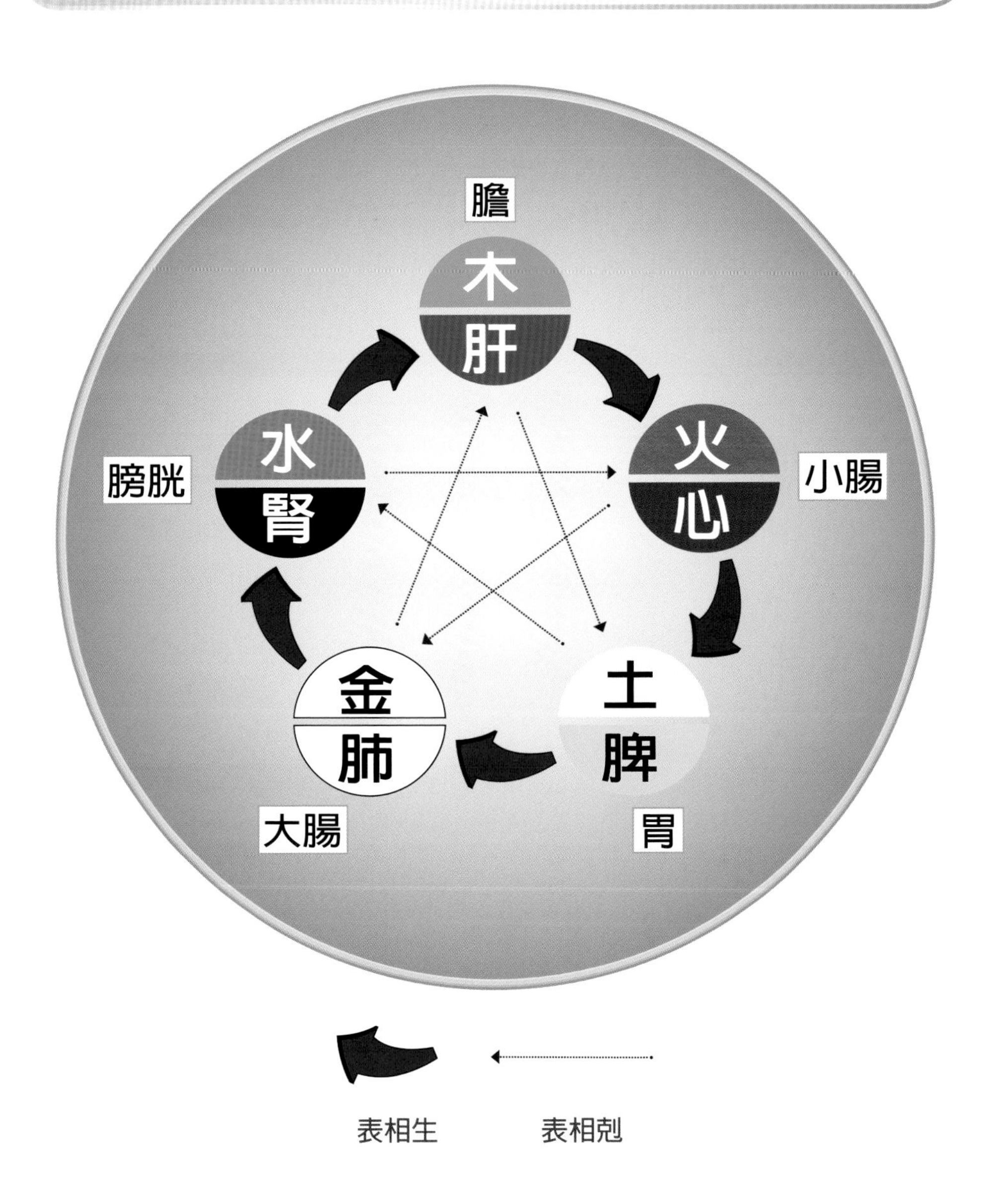

肝(膽)之保健植物

1 治肝炎之保健植物

三白草

Saururus chinensis (Lour.) Baill.

別名　水檳榔、水茇仔、三白根。

科名　三白草科 Saururaceae

功效　全草味辛、甘，性寒。能清熱解毒、利尿消腫，治小便淋痛、石淋、水腫、帶下、肝炎等。

烏蕨

Sphenomeris chusana (L.) Copel.

別名　土川黃連、山雞爪、烏韭、鳳尾草、硬枝水雞爪。

科名　陵齒蕨科 Lindsaeaceae

功效　全草(或根莖)味微苦、澀，性寒。能清熱利尿、止血生肌、消炎解毒、收斂、清心火，治腸炎、痢疾、肝炎、感冒發熱、咳嗽、痔瘡、跌打損傷等。

石蓮花

Graptopetalum paraguayense (N. E. Br.) Walth.

別名　風車草、神明草、蓮座草、紅蓮。

科名　景天科 Crassulaceae

功效　葉能清肝、解毒，治肝炎。

編語　本品可取鮮葉直接沾蜂蜜或梅子醬食用。

虎杖

Polygonum cuspidatum Sieb. & Zucc.

別名　土川七、黃肉川七。

科名　蓼科 Polygonaceae

功效　根及粗莖味苦，性平。能清熱解毒、止痛止癢、消腫、祛風利濕、破瘀通經、止咳化痰，治風濕疼痛、關節痺痛、濕熱黃疸、經閉、咳嗽痰多、跌打損傷等。

編語　在臺灣，當您到民間青草藥舖購買「三七」藥材時，店家多取本品交貨。

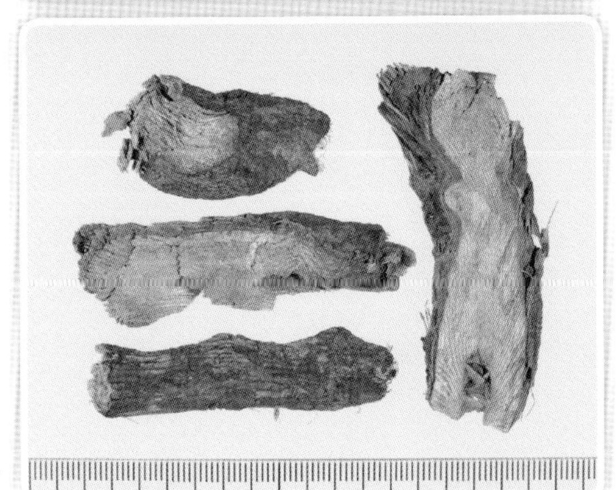

虎杖藥材

葉下珠
Phyllanthus urinaria L.

別名　珠仔草、珍珠草、真珠草、葉後珠。

科名　大戟科 Euphorbiaceae

功效　全草味甘、苦，性涼。能清熱、利尿、消積、明目、消炎、解毒，治泄瀉、痢疾、傳染性肝炎、水腫、小便淋痛、小兒疳積、赤眼目翳、口瘡、頭瘡、無名腫毒等。

桶鉤藤
Rhamnus formosana Matsumura

別名　臺灣鼠李、本黃芩、山藍盤、黃心樹、黑目仔。

科名　鼠李科 Rhamnaceae

功效　根及粗莖(藥材稱本黃芩)能解熱、消炎、滋陰、利尿，治口腔炎、咽喉腫痛、胃病、肝炎、腎炎、皮膚癢、濕疹等。

編語　本植物無刺，但側枝常呈匍匐狀，又很強韌，彎曲性也強，可彎成木桶等之提手，故名。

廣東山葡萄
Ampelopsis cantoniensis
(Hook. & Arn.) Planch.

別名　粵蛇葡萄、紅骨山葡萄、紅莖山葡萄、赤山葡萄、紅血絲。

科名　葡萄科 Vitaceae

功效　全株(或根)味甘、微苦，性涼。能解毒消炎、祛瘀消腫、利濕止痛、清暑熱，治風濕關節痛、骨髓炎、淋巴結炎、肝炎、跌打損傷、濕疹等。

欖仁樹

Terminalia catappa L.

別名 古巴梯斯樹、山枇杷樹。

科名 使君子科 Combretaceae

功效 葉味辛、微苦，性涼。能祛風清熱、止咳止痛、解毒殺蟲，治感冒發熱、痰熱咳嗽、頭痛、風濕關節痛、赤痢、瘡瘍疥癩、肝炎、關節炎等。

五爪金英

Tithonia diversifolia (Hemsl.) A. Gray

別名 假向日葵、太陽光、腫柄菊、王爺葵。

科名 菊科 Compositae

功效 全株(或葉)味苦，性涼，有毒。能清熱解毒、消腫止痛，治肝炎、急吐瀉、癰瘡腫毒、糖尿病等。

編語 本品爲臺灣民間養肝茶(苦茶)常用之原料。

咸豐草

Bidens pilosa L. var. ***minor*** (Blume) Sherff

別名 小白花鬼針、同治草、恰查某。

科名 菊科 Compositae

功效 全草味甘、淡，性涼。能清熱、解毒、散瘀，治感冒、咽喉腫痛、黃疸、肝炎、跌打損傷等。

編語 本植物的舌狀花花冠不及0.8公分，遠較大花咸豐草短，兩者可區別。

2 治肝硬化之保健植物

林投

Pandanus odoratissimus L. f.

別名 露兜樹、露兜筋、假菠蘿、野菠蘿。

科名 露兜樹科 Pandanaceae

功效 根味甘、淡，性涼。能發汗解表、清熱解毒，治感冒發熱、腎炎水腫、尿路感染、尿路結石、肝炎、肝硬化腹水、眼結膜炎等。

肝炎草

Murdannia bracteata (C. B. Clarke) O. Kuntze *ex* J. K. Morton

別名 百藥草、痰火草、竹仔菜、大苞水竹葉、青鴨跖草。

科名 鴨跖草科 Commelinaceae

功效 全草味甘、淡，性涼。能化痰散結、清熱通淋、解毒消腫、止咳，治熱淋、感冒發熱、咳嗽、咽喉腫痛、口腔炎、肺炎、肝炎、肝硬化、心臟病、腎炎、水腫、高血壓、白內障、痢疾、癰瘡腫毒等。

白桕

Sapium discolor Muell.-Arg.

別名 山(烏)桕、冇桕、紅烏桕、紅葉烏桕、山柳烏桕。

科名 大戟科 Euphorbiaceae

功效 根皮、樹皮味苦，性寒，有小毒。能瀉下逐水、散瘀消腫、通便，治腎炎水腫、肝硬化腹水、二便不通、白濁、瘡癰、濕疹、跌打損傷等。

裡白楤木

Aralia bipinnata Blanco

別名 楤木、鳥不宿、鵲不踏。

科名 五加科 Araliaceae

功效 根味甘、微苦，性平。能驅風除濕、利尿消腫、活血止痛，治風濕疼痛、腰椎挫傷、肝炎、肝硬化腹水、胃痛、腎炎水腫、糖尿病、白帶等。

黃水茄

Solanum incanum L.

別名 野茄。

科名 茄科 Solanaceae

功效 全草或果實味苦，性涼，有毒。能解毒、祛風、止痛、清熱、消炎，治頭痛、牙痛、咽喉腫痛、胃痛、風濕關節痛、跌打、癰瘡腫毒、肝炎、肝硬化、淋巴腺炎、胸膜炎、水腫、鼻竇炎、眼疾等。

半邊蓮

Lobelia chinensis Lour.

別名 鐮壓仔草、水仙花草、拈力仔草、急解索、細米草。

科名 桔梗科 Campanulaceae

功效 全草味甘、淡，性微寒。能利尿消腫、清熱解毒、涼血、抗癌，治黃疸、水腫、肝硬化腹水、晚期血吸蟲病腹水、乳蛾、腸癰、毒蛇咬傷、跌打、痢疾、疔瘡等。

角菜
Artemisia lactiflora Wall.

別名　珍珠菜、甜菜、眞珠菜、白苞蒿、廣東劉寄奴。

科名　菊科 Compositae

功效　全草味甘、微苦，性平。能理氣、活血、調經、利濕、解毒、消腫，治月經不調、經閉、慢性肝炎、肝硬化、水腫、帶下、癮疹、腹脹、疝氣等。

3 能清肝明目之保健植物

青葙
Celosia argentea L.

別名　白雞冠、野雞冠、白雞冠花、狗尾莧。

科名　莧科 Amaranthaceae

功效　種子(藥材稱青葙子)味苦，性涼。能清肝、明目、退翳，治肝熱目赤、眼生翳膜、視物昏花、肝火眩暈、疥癩等。

青葙子藥材

鐵掃帚

Lespedeza cuneata (Dum. d. Cours.) G. Don

別名　千里光、大本雨蠅翅、半天雷。
科名　豆科 Leguminosae
功效　全草味甘、苦、澀、辛，性涼。能清熱解毒、利濕消積、散瘀消腫、補肝腎、益肺陰，治哮喘、跌打、胃痛、瀉痢、目赤紅痛等。

望江南

Senna occidentalis (L.) Link

別名　大葉羊角豆、羊角豆、山綠豆。
科名　豆科 Leguminosae
功效　種子味甘、苦，性涼。能清肝明目、健胃潤腸，治便秘、目赤腫痛、口爛、頭痛、高血壓、毒蛇咬傷等。

決明

Senna tora (L.) Roxb.

別名　草決明、小決明、大號山土豆。
科名　豆科 Leguminosae
功效　種子(藥材稱決明子)味苦、甘、鹹，性微寒。能緩下通便、清肝明目、利水，治風眼暴赤、頭痛眩暈、目暗不明、高血壓、肝炎、習慣性便秘等。

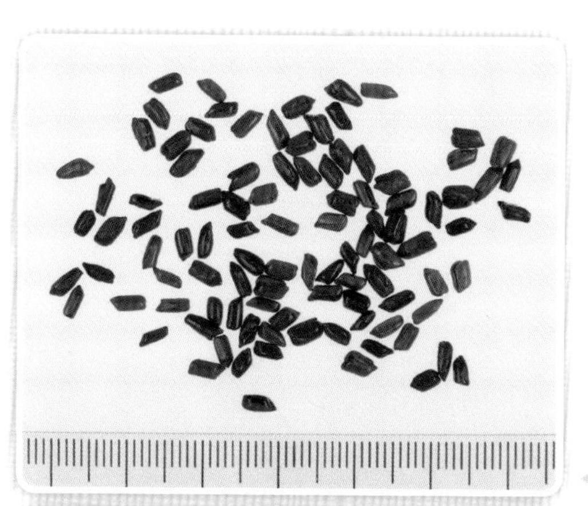

決明子藥材

4 治高血壓之保健植物

(此部分的保健植物作用機制，或平肝，或利尿……)

洛神葵

Hibiscus sabdariffa L.

別名 山茄、洛濟葵、洛神花。

科名 錦葵科 Malvaceae

功效 花萼味酸，性涼。能斂肺止咳、降血壓、解酒，治肺虛咳嗽、高血壓、酒醉。

鳳尾蕉

Cycas revoluta Thunb.

別名 鐵樹、蘇鐵、鳳尾棕、鐵甲松、番蕉。

科名 蘇鐵科 Cycadaceae

功效 葉味甘、淡，性平。能收斂止血、解毒止痛，治癌症、高血壓、難產、肝氣痛等。

蒺藜

Tribulus terrestris L.

別名　三腳丁、三腳虎、三腳馬仔、白蒺藜、刺蒺藜。

科名　蒺藜科 Zygophyllaceae

功效　果實味苦、辛，性微溫(或謂性平)。能平肝解鬱、活血祛風、明目止癢，治頭痛眩暈、肝陽上亢、肝鬱氣滯、胸脅脹痛、乳閉脹痛、乳癰、目翳、風疹搔癢等。

編語　有醫家評本品曰：其治在肝，其療在風，為平肝、疏肝、祛風之常用藥。

仙草

Mesona chinensis Benth.

別名　仙草舅、仙人凍、涼粉草。

科名　唇形科 Labiatae

功效　全草味甘，性涼。能清熱、解渴、涼血、解暑、降血壓，治中暑、感冒、肌肉痛、關節痛、高血壓、淋病、腎臟病、臟腑熱病、糖尿病等。

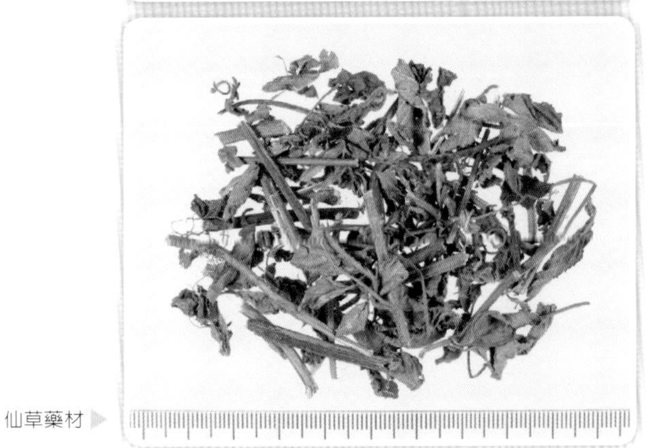

仙草藥材

角桐草

Hemiboea bicornuta (Hayata) Ohwi

別名　臺灣半蒴苣苔、玲瓏草、角桐花、臺灣角桐草。

科名　苦苣苔科 Gesneriaceae

功效　全草味微酸、澀，性涼。能清熱、解毒、生津、止血、止咳、利尿，治傷暑、心火內傷、高血壓、癰瘡腫毒、毒蛇咬傷、咳嗽、風熱咳喘、骨折等。

編語　本植物的嫩葉肥厚多汁，爲排灣族人常用的野菜。

白鶴靈芝

Rhinacanthus nasutus (L.) Kurz

別名　仙鶴草、癬草、香港仙鶴草。

科名　爵床科 Acanthaceae

功效　全草味甘、淡、微苦，性平。能潤肺止咳、平肝降火、消腫解毒、殺蟲止癢，治高血壓、糖尿病、肝病、肺結核、脾胃濕熱、濕疹等。

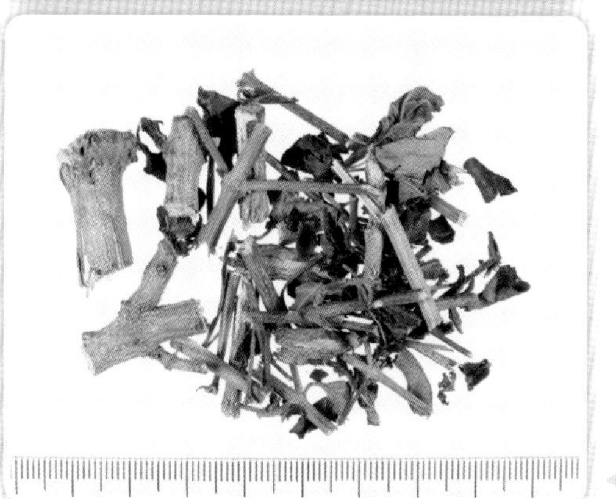

白鶴靈芝藥材

豨薟

Siegesbeckia orientalis L.

別名：小豬豨薟、毛梗豨薟、黏糊草、鎮靜草、感冒草。

科名：菊科 Compositae

功效：全草味苦，性寒。能祛風濕、利筋骨、降血壓，治風濕性關節炎、四肢麻木、腰膝無力、半身不遂、肝炎等；外用治疔瘡腫毒。

落花生

Arachis hypogaea L.

別名：土豆、花生、長生果。

科名：豆科 Leguminosae

功效：(1)枝葉能安神，治失眠、高血壓(花生殼亦見使用)、跌打損傷等。(2)種子味甘，性平。能補脾、潤肺、和胃、止血，治燥咳、反胃、腳氣、乳婦奶少等。

治高血壓簡易方10首

1. 魚腥草、仙草各60～90公克，水煎服。
2. 桑葉、白茅根及甘蔗各30公克，水煎服。
3. 犁壁刺(指蓼科的扛板歸)40公克，水煎代茶飲。
4. 虱母子根、甘蔗、牛頓草各30公克，水煎服。
5. 鮮水荖根75～150公克，水煎服。
6. 雷公根搗汁，燉雞服。
7. 枸杞頭、桑樹根、苦瓜頭各30公克，水煎服。
8. 紅骨蛇、咸豐草、烏踏刺(指芸香科的崖椒，又名雙面刺)各18公克，白花草30公克，水煎服。
9. 水丁香75～120公克，煎冰糖服。
10. 水丁香、蔡鼻草、桑根、仙草乾各30公克，水煎代茶飲。

心(小腸)之保健植物

1 能醒酒之保健植物

波羅蜜

Artocarpus heterophyllus Lam.

別名 天波羅、婆那娑、優珠曇。

科名 桑科 Moraceae

功效 全株味甘、酸，性平。(1)果實能解煩止渴、醒酒益氣。(2)種子能補中氣。(3)根能解熱、止痢，為常用收斂劑之一。(4)葉能療瘍瘡、祛瘀血，治創傷及毒蛇咬傷。

綠豆

Azukia radiata (L.) Ohwi

別名 菉豆。

科名 豆科 Leguminosae

功效 (1)種子味甘、淡，性平，為解毒劑。能利尿、解熱、退目翳、除煩渴，鮮品絞汁服可治丹毒、熱痢。(2)綠豆花能解酒毒。

豆薯

Pachyrhizus erosus (L.) Urban.

別名 葛薯、地瓜、涼薯。
科名 豆科 Leguminosae
功效 (1)塊根味甘，性微涼。能生津止渴、清暑、降壓、解酒毒，治熱病口渴、中暑、高血壓、慢性酒精中毒、酒醉口渴等。(2)花解酒毒，治酒毒煩渴、腸風下血等。

葛藤

Pueraria lobata (Willd.) Ohwi

別名 甘葛、葛麻藤、葛根、葛、粉葛、野葛。
科名 豆科 Leguminosae
功效 (1)塊根(藥材稱葛根)味甘、辛，性平。能升陽解肌、透疹止瀉、除煩止渴，治傷寒溫熱頭痛項強、煩熱消渴、泄瀉、斑疹不透等。(2)葛花味甘，性平。能解酒醒脾，治酒傷發熱煩渴、不思飲食、吐逆吐酸。

柚

Citrus grandis (L.) Osbeck

別名 文旦柚、麻豆文旦、白柚。
科名 芸香科 Rutaceae
功效 (1)果實味甘、酸，性寒。能消食、化痰、醒酒，治飲食積滯、食慾不振、醉酒等。(2)外層果皮味辛、苦，性溫。能散寒、燥濕、利水、消痰，治風寒咳嗽、喉癢痰多、食積傷酒、嘔噁痞悶等。

2 使血液循環順暢之保健植物

銀杏

Ginkgo biloba L.

別名 白果、公孫樹、鴨掌樹、佛指甲。

科名 銀杏科 Ginkgoaceae

功效 種仁能鎮咳、止喘、抗利尿，治肺虛喘咳、白濁、小便頻數等。葉(味甘、苦，性平)能促使血液循環順暢，治末梢循環不良。葉之萃取物(Cerenin, 德國原廠循利寧)健保給付。

◀ 銀杏葉藥材

金線草

Rubia akane Nakai

別名 過山龍、紅根仔草、金劍草、(紅)茜草、活血丹、四輪藤、風車草。

科名 茜草科 Rubiaceae

功效 根及莖味苦，性寒。能涼血止血、活血化瘀、通經活絡、止咳祛痰，治咯血、尿血、便血、崩漏、月經不調、肝炎、吐血、經閉腹痛、風濕關節痛、跌打、黃疸、慢性氣管炎、瘀滯腫痛；外用治跌打損傷、癤腫、神經性皮膚炎。

桃

Prunus persica (L.) Batsch

別名 山苦桃、毛桃、白桃、苦桃、桃仔(樹)、紅桃花、甜桃。

科名 薔薇科 Rosaceae

功效 種子(去皮，藥材稱桃仁)味苦、甘，性平。能破血化瘀、潤燥滑腸，治經閉、經痛、癥瘕痞塊、跌打撲傷、腸燥便秘等。

桃仁藥材

3 治中風後遺症之保健植物

臭杏

Chenopodium ambrosioides L.

別名 臭川芎、臭莧、土荊芥、蛇藥草。

科名 藜科 Chenopodiaceae

功效 全草(帶果穗)味辛、苦，性溫。能祛風除濕、活血消腫，治頭痛、頭風、濕疹、疥癬、風濕痺痛、經閉、經痛、咽喉腫痛、口舌生瘡、跌打等。亦有僅取根或粗莖使用，稱臭川芎頭。

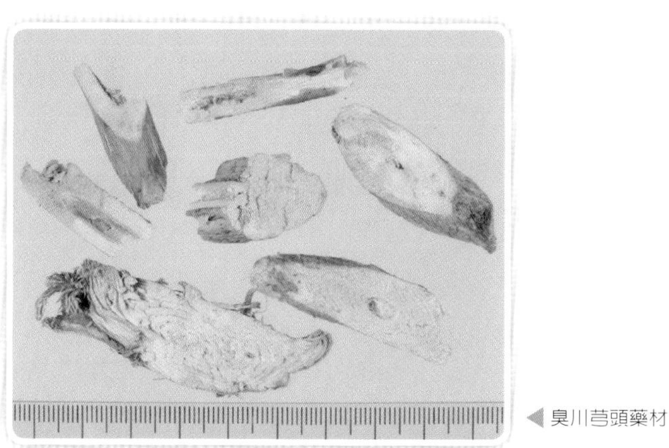

◀ 臭川芎頭藥材

4 治失眠之保健植物

靈芝

Ganoderma lucidum (Leyss. ***ex*** Fr.) Karst.

別名 赤芝、紅芝、丹芝、靈芝草。

科名 多孔菌科 Polyporaceae

功效 子實體味甘、微苦，性平。能補氣益血、養心安神、止咳平喘，治神經衰弱、頭暈、失眠、急性肝炎、腎虛腰痛、支氣管炎等。

野薑花

Hedychium coronarium Koenig

別名 山柰、穗花山柰、蝴蝶花、蝴蝶薑。

科名 薑科 Zingiberaceae

功效 (1)根莖味辛，性溫。能消腫止痛，治風濕關節痛、筋肋痛、頭痛、身痛、咳嗽等。(2)花陰乾泡茶，可治失眠。

臺灣馬醉木

Pieris taiwanensis Hayata

別名 臺灣浸木、臺灣桂木、馬醉木。

科名 杜鵑(花)科 Ericaceae

功效 根及幹味苦，性涼，有大毒。能麻醉、鎮靜、止痛，治風濕關節痛、筋骨酸痛、失眠。

5 能止血之保健植物

側柏

Biota orientalis (L.) Endl.

別名 扁柏、香柏、柏樹。

科名 柏科 Cupressaceae

功效 葉(或含嫩枝)味苦、澀，性寒。能涼血止血、清肺止咳，治鼻衄(指流鼻血)、咯血、胃腸道出血、尿血、功能性子宮出血、慢性氣管炎、脫髮等。

側柏葉藥材

香蒲

Typha orientalis Presl

別名 毛蠟燭、水蠟燭、東方香蒲、蒲黃草、蒲包草。

科名 香蒲科 Typhaceae

功效 花粉(藥材稱蒲黃)味甘，性平。能止血、化瘀、通淋，治吐血、衄血、咯血、崩漏、外傷出血、經閉、經痛、脘腹刺痛、跌打腫痛、血淋澀痛等。

山黃麻

Trema orientalis (L.) Blume

別名 麻布樹、山羊麻、檨仔葉公。

科名 榆科 Ulmaceae

功效 根味澀，性平。能散瘀、消腫、止血，治腸胃出血、尿血、各種外傷出血等。

6 降尿酸之保健植物

普剌特草

Lobelia nummularia Lam.

別名 老鼠拖秤錘、銅錘草、銅錘玉帶草。

科名 桔梗科 Campanulaceae

功效 全草味苦、辛、甘，性平。能清熱解毒、活血化瘀、祛風利濕，治高尿酸、肺虛久咳、風濕關節痛、跌打損傷、乳癰、乳蛾、無名腫毒等。

7 防治狹心症之保健植物

魚腥草
Houttuynia cordata Thunb.

別名 蕺菜、臭瘥草、狗貼耳。
科名 三白草科 Saururaceae
功效 全草味辛、酸，性微寒。能清熱解毒、消癰排膿、利尿通淋，治肺癰、肺熱咳嗽、小便淋痛、水腫、狹心症等。
編語 本品藥渣敷臉，可起潤膚美白的效果。

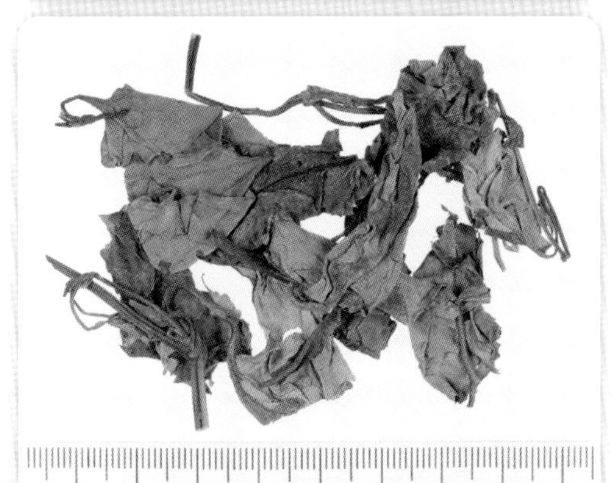

魚腥草藥材

8 治心臟無力之保健植物

糯米團
Gonostegia hirta (Bl.) Miq.

別名 蔓苧麻、小黏藥、土加藤、紅石薯、奶葉藤、糯米草、紅骨藤。
科名 蕁麻科 Urticaceae
功效 全草味淡、微苦，性涼。能健胃消食、清熱解毒、消腫利濕，治心臟無力、胃腸炎等；外用治乳腺炎。

毛地黃

Digitalis purpurea L.

別名▌紫花洋地黃、洋地黃。

科名▌玄參科 Scrophulariaceae

功效▌葉味苦，有劇毒。爲強心劑，治心臟病患、興奮心肌、提高心肌收縮力、改善循環等。

9 治循環系統相關癌症之保健植物

長春花

Catharanthus roseus (L.) Don

別名▌日日春、雁來紅、四時春、三萬花。

科名▌夾竹桃科 Apocynaceae

功效▌全株味微苦，性涼，有毒。能抗癌、降血壓、鎮靜、解毒、清熱、平肝，治急性淋巴細胞性白血病、淋巴肉瘤、肺癌、絨毛膜上皮癌、子宮癌、巨濾泡性淋巴瘤、高血壓等。

康復力

Symphytum officinale L.

別名▌康富力、康富利。

科名▌紫草科 Boraginaceae

功效▌全草(或葉)味苦，性涼。能補血、止瀉、防癌，治高血壓、出血、白血病、瀉痢等。

編語▌本品富含維生素B_{12}，而植物名乃取「健康恢復體力」之意。

漆姑草

Sagina japonica (Sw. ***ex*** Steud.) Ohwi

別名 瓜槌草、玉山漆姑草。

科名 石竹科Caryophyllaceae

功效 全草味苦、辛，性涼。能散結消腫、解毒止癢、利尿、提膿拔毒，治白血病、癰腫瘡毒、瘰癧、跌打內傷、盜汗等。

山煙草

Solanum erianthum D. Don

別名 土煙仔、山番仔煙、蚊仔煙、樹茄、假煙葉樹。

科名 茄科Solanaceae

功效 根味苦，性溫，有毒。能消炎解毒、止痛、祛風解表，治腹痛、跌打損傷、白血病；外用治瘡毒、疥癬等。

脾(胃)之保健植物

1 治消化性潰瘍之保健植物

高麗菜

Brassica oleracea L. var. ***capitata*** L.

別名｜甘藍。

科名｜十字花科 Cruciferae

功效｜莖及葉味甘，性平。能止痛，治胃潰瘍。

編語｜高麗菜爲胃潰瘍患者之最佳食療蔬菜。

藤三七

Anredera cordifolia (Tenore) van Steenis

別名｜洋落葵、雲南白藥、落葵薯、(小)黏藤、寸金丹。

科名｜落葵科 Basellaceae

功效｜全株或珠芽味甘、淡，性涼。能滋補、壯腰膝、消腫散瘀，治胃潰瘍。(鮮葉炒食不可久炒，否則易致腹瀉)

扶桑

Hibiscus rosa-sinensis L.

別名　朱槿、大紅花、赤槿、紅佛桑。

科名　錦葵科 Malvaceae

功效　葉味甘，性平。能清熱、解毒、消炎，外用治癰瘡腫毒、汗斑；內服治胃潰瘍。

紫茉莉

Mirabilis jalapa L.

別名　煮飯花、夜飯花、胭脂花、晚香花。

科名　紫茉莉科 Nyctaginaceae

功效　塊根(藥材稱煮飯花頭，建議鮮用)味甘、淡，性涼。能利尿瀉熱、活血散瘀、解毒，專治胃潰瘍、胃出血，亦爲肺癰之要藥。地上部鮮品煮水洗澡，治痱子奇效。

煮飯花頭藥材

◀ 甘草藥材

2 治胃腸疼痛之保健植物

土肉桂

Cinnamomum osmophloeum Kaneh.

別名 山肉桂、臺灣土玉桂、肉桂、假肉桂。

科名 樟科 Lauraceae

功效 根、樹皮、枝葉味辛，性溫。能祛寒鎮痛，治腹痛、風濕痛、創傷出血等。

甘草 (中藥材)

甘草(原植物屬豆科，藥用部位採根及根莖)味甘，性平，能補脾益氣、清熱解毒、潤肺止咳。現代藥理研究發現(1)甘草能抑制平滑肌活動，而達解痙止痛作用；(2)抑制胃酸分泌；(3)消炎作用，中醫謂其能清熱瀉火，近來常被用於咽喉痛、口腔內發炎等初期症狀之改善。(芍藥甘草湯重於止痛)

編語 慢性胃痛 / 取一小搓甘草粉，以口水拌勻，填於肚臍(神闕穴)內，再用醫用紗布和醫用膠布固定，睡前貼，早上取下。

3 治胃腸脹氣之保健植物

月桃

Alpinia zerumbet (Persoon) B. L. Burtt & R. M. Smith

別名 玉桃、艷山薑、草豆蔻、良薑。

科名 薑科 Zingiberaceae

功效 種子(稱月桃子、本砂仁)味辛、澀，性溫。能燥濕祛寒、除痰截瘧、健脾暖胃，治心腹冷痛、胸腹脹滿、痰濕積滯、嘔吐腹瀉等。

編語 本植物的根莖能暖胃止嘔，功效與薑、(土)肉桂相近。

4 治痢疾(腹瀉)之保健植物

雷公根

Centella asiatica (L.) Urban

別名 老公根、積雪草、蚶殼草、含殼仔草。

科名 繖形科 Umbelliferae

功效 (帶根)全草味苦、辛，性寒。能消炎解毒、涼血生津、清熱利濕，治肝炎、感冒、咽喉腫痛、尿路感染(結石)、腹瀉、小兒發育不良等。

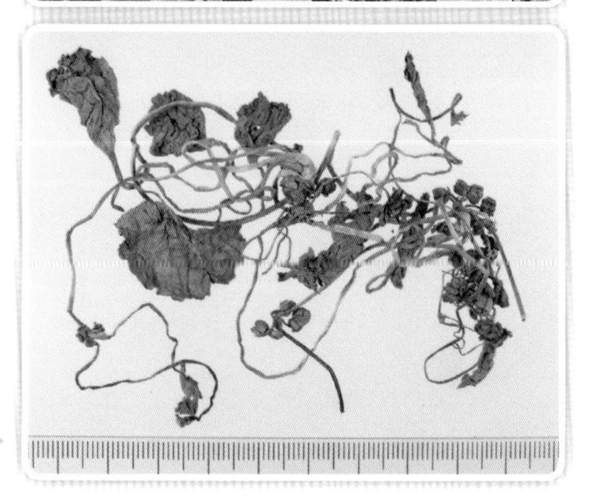

含殼仔草藥材

鳳尾蕨

Pteris multifida **Poir.**

別名 鳳尾草、井邊草、仙人掌草、烏腳雞。

科名 鳳尾蕨科 Pteridaceae

功效 全草味苦，性微寒。能清熱利濕、涼血解毒，治細菌性痢疾、肝炎、尿道炎、腸痔便血等。

小飛揚

Chamaesyce thymifolia (L.) Millsp.

別名 千根草、細葉飛揚草、紅乳仔草、小本乳仔草。

科名 大戟科 Euphorbiaceae

功效 全草味微酸、澀，性微涼。能清熱解毒、利濕止癢，治細菌性痢疾、腸炎腹瀉、痔瘡出血；外用治皮膚搔癢。

編語 對於細菌性痢疾，可取本品5錢，搭配等量的鳳尾草合煎，效佳。對於腹瀉，可改以等量老茶葉合煎。

人莧

Acalypha australis L.

別名 蚌殼草、血見愁、鐵莧、金射榴。

科名 大戟科 Euphorbiaceae

功效 全草味苦、澀，性涼。能清熱解毒、利水、止痢、止血，治細菌性痢疾、腸瀉、便血、疳積、崩漏、腹脹、濕疹等。

十大功勞

Mahonia japonica (Thunb. ***ex*** Murray) DC.

別名 老鼠仔刺、山黃柏、刺黃柏、角刺茶。

科名 小檗科 Berberidaceae

功效 全株味苦，性寒。能清熱瀉火、消腫解毒，治泄瀉、黃疸、肺癆、潮熱、目赤、帶下、風濕關節痛。

編語 本品亦可預防感冒，同屬植物狹葉十大功勞、阿里山十大功勞皆同等入藥。

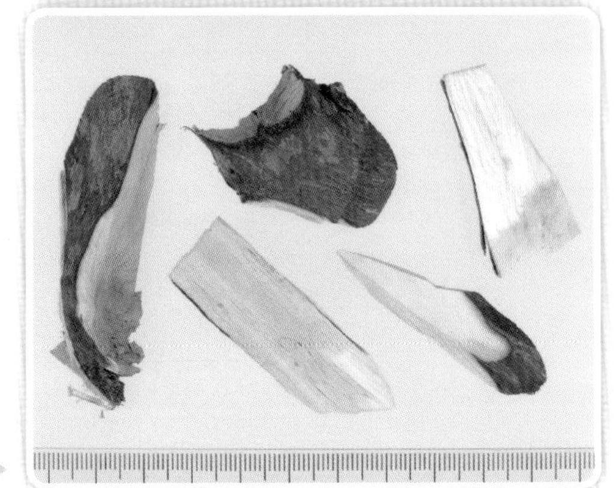

十大功勞藥材

印度棗

Zizyphus mauritiana Lam.

別名 緬棗、棗子。

科名 鼠李科Rhamnaceae

功效 樹皮味澀、微苦，性平。能清熱止痛、解毒生肌、收斂止瀉，治燒燙傷、咽喉腫痛、腹瀉、痢疾等。

5 治便秘之保健植物

蓖麻

Ricinus communis L.

別名　紅茶蓖、紅都蓖、紅蓖麻。

科名　大戟科 Euphorbiaceae

功效　種子(藥材稱蓖麻子)味甘、辛，性平，有毒。能消腫拔毒、瀉下通滯，治癰疽腫毒、瘰癧、喉痺、疥癩癬瘡、水腫腹滿、大便燥結，含毒蛋白可抗腹水癌。

蓖麻子藥材

6 治腸胃寄生蟲之保健植物

安石榴

Punica granatum L.

別名　石榴、紅石榴、謝榴、榭榴。

科名　安石榴科 Punicaceae

功效　果皮(藥材稱石榴皮)味酸、澀，性溫。能澀腸、止血、驅蟲，治久瀉、便血、脫肛、蟲積腹痛等。

狗尾草

Uraria crinita (L.) Desv. ***ex*** DC.

別名　通天草、九尾草、兔尾草、貓尾草、狐狸尾。

科名　豆科 Leguminosae

功效　根及粗莖味甘、微苦，性平。能補益、健脾胃、消積、驅蟲、清熱、散瘀、消癰解毒，治蟲積(疳症)、小兒發育不良、肺癰、脫肛、陰挺(子宮脫垂)等。

編語　本品爲臺灣民間轉骨方之重要藥材。

狗尾草藥材

使君子

Quisqualis indica L.

別名　山羊屎、色乾子、留求子。

科名　使君子科 Combretaceae

功效　果實味甘，性溫，有小毒。能殺蟲、消積、健脾，治蛔蟲腹痛、小兒疳積等。

◀ 使君子藥材

檳榔

Areca catechu L.

別名 菁仔、菁仔子、菁仔欉、檳榔子、檳榔王、大腹檳榔。

科名 棕櫚科 Palmae

功效 種子味苦、辛，性溫。能殺蟲消積、降氣、行氣、截瘧，治薑片蟲、蛔蟲、食積、脘腹脹痛、痢疾、瘧疾、水腫、腳氣等。

編語 本品所含Arecoline，是一種副交感神經興奮劑。

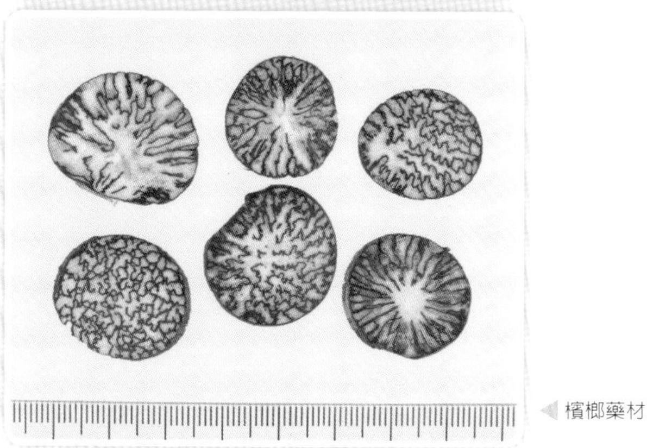

◀ 檳榔藥材

7 能生津止渴之保健植物

崗梅

Ilex asprella (Hook. & Arn.) Champ.

別名 釘秤仔、燈秤仔、萬點金、梅葉冬青、山甘草。

科名 冬青科 Aquifoliaceae

功效 根味苦、甘，性寒。能清熱解毒、生津止渴、活血，治感冒、肺癰、乳蛾、咽喉腫痛、淋濁、風火牙痛、瘰癧、癰疽疔癤、過敏性皮膚炎、痔血、蛇咬傷、跌打損傷等。

槭葉栝樓

Trichosanthes laceribracteata Hayata

別名 長萼栝樓、裂苞栝樓、大苞栝樓。

科名 葫蘆科 Cucurbitaceae

功效 (1)根可作「天花粉」藥材使用，味微甘、苦，性寒，能生津止渴、消腫毒，治熱病口渴、癰瘡腫毒等。(2)果實之性味、功效與根相同。

8 防治胃癌之保健植物

龍葵

Solanum nigrum L.

別名 黑子仔菜、烏子仔草、烏甜仔菜、苦菜、苦葵。

科名 茄科 Solanaceae

功效 全草味苦、微甘，性寒，有小毒。能清熱解毒、消腫散結、活血、利尿，治癰腫、疔瘡、跌打、水腫、癌腫等。

薏苡

Coix lacryma-jobi L.

別名 薏苡仁、薏仁、薏米、益米、草珠兒。

科名 禾本科 Gramineae

功效 種仁味甘、淡，性涼。能健脾滲濕、除痺止瀉、清熱排膿，治水腫、腳氣、小便淋痛不利、濕痺拘攣、脾虛泄瀉、肺癰、腸癰、扁平疣、胃癌等。

編語 治胃癌良方「W.T.T.C.」組成藥材有紫藤瘤、菱角、訶子、薏苡仁。

薏苡仁藥材

番杏

Tetragonia tetragonoides (Pall.) Kuntze

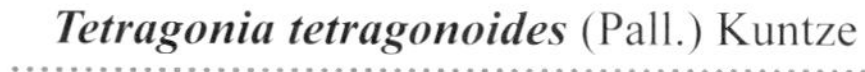

別名 毛菠菜、法國菠菜、洋波菜。

科名 番杏科 Aizoaceae

功效 全草味甘、微辛，性平。能清熱解毒、祛風消腫，治腸炎泄瀉、敗血症、疔瘡紅腫、風熱目赤、胃癌、食道癌、子宮頸癌等。

椒草

Peperomia japonica Makino

別名　石蟬花。

科名　胡椒科Piperaceae

功效　全草味辛，性涼。能祛瘀散結、抗癌，治胃癌、食道癌、肝癌、乳腺癌、肺癌等；外用治跌打腫痛、外傷出血、燒燙傷。

肺(大腸)之保健植物

1 治感冒之保健植物

紫蘇

Perilla frutescens (L.) Britt. var. ***crispa*** Decne. ***ex*** L. H. Bailey f. ***purpurea*** Makino

別名▌蘇、赤蘇、桂荏、紅紫蘇、蛙蘇。

科名▌唇形科 Labiatae

功效▌全草味辛，性溫。能發表散寒、下氣消痰、理氣疏鬱、安胎，治感冒、咳嗽、咳逆、痰喘、氣鬱、食滯、胎氣不和等。

薑

Zingiber officinale Roscoe

別名▌川薑、乾薑、子薑、生薑、紫薑。

科名▌薑科 Zingiberaceae

功效▌根莖(通常指生薑)味辛，性溫。能溫中散寒、祛風發表、祛痰、止嘔、消瘀、利濕、健胃，治風寒感冒、嘔吐、腹脹、消化不良、風濕疼痛等。

艾納香

Blumea balsamifera (L.) DC.

別名 大風艾、大風葉、牛耳艾、再風艾、大艾。

科名 菊科 Compositae

功效 葉及嫩枝味辛、苦，性溫。能祛風消腫、溫中活血、殺蟲，治寒濕瀉痢、感冒、風濕、跌打、瘡癤、濕疹、皮膚炎等。

洋玉蘭

Magnolia grandiflora L.

別名 泰山木、荷花玉蘭、大花木蘭、廣木蘭。

科名 木蘭科 Magnoliaceae

功效 花蕾味辛，性溫。能祛風散寒、行氣止痛，治外感風寒、鼻塞頭痛等。

九節茶

Sarcandra glabra (Thunb.) Nakai

別名 紅果金粟蘭、接骨木、竹節茶、草珊瑚、觀音茶、腫節風。

科名 金粟蘭科 Chloranthaceae

功效 全草味苦、辛，性平。能清熱解毒、通經接骨，治感冒、流行性乙型腦炎、肺熱咳嗽、痢疾、腸癰、瘡瘍腫毒、風濕關節痛、跌打損傷等。

榕

Ficus microcarpa L. f.

別名 正榕、島榕、老公鬚、倒吊榕根。

科名 桑科 Moraceae

功效 (1)氣生根味苦、澀，性平。能祛風、清熱、活血，治感冒、頓咳、麻疹不透、乳蛾、跌打損傷等。(2)葉味淡，性涼。能清熱、除濕、活血，治咳嗽、痢疾、瀉泄等。

鹹蝦花

Vernonia patula (Dryand.) Merr.

別名 嶺南野菊、大葉鹹蝦花、萬重花、柳枝癀。

科名 菊科 Compositae

功效 全草味微苦、辛，性平。能清熱利濕、散瘀消腫、解毒止瀉，治風熱感冒、頭痛、乳癰、吐瀉、痢疾、瘡癤、濕疹、肝病、急性腸胃炎、跌打損傷等。

鵝掌柴

Schefflera octophylla (Lour.) Harms

別名 鴨腳木、江某(公母)、野麻瓜、鴨母樹、鴨腳樹。

科名 五加科 Araliaceae

功效 根及粗莖味辛、苦，性涼。能清熱解毒、消腫散瘀、發汗解表、祛風除濕、舒筋活絡，治感冒發熱、風濕、跌打等。

乞食碗

Hydrocotyle nepalensis Hook.

別名▌含殼草、含殼錢草、紅骨蚶殼仔草、變地忽。

科名▌繖形科 Umbelliferae

功效▌全草味辛、微苦，性涼。能活血止血、清肺熱、散血熱，治跌打、風熱感冒、咳嗽痰血、痢疾、泄瀉、經痛、月經不調等；外敷腫毒、痔瘡及外傷出血。

落新婦

Astilbe longicarpa (Hayata) Hayata

別名▌長果落新婦、(本)升麻、小升麻、毛三七。

科名▌虎耳草科 Saxifragaceae

功效▌根莖(充「升麻」藥材使用)味甘、辛，性微寒。能發表透疹、清熱解毒、升陽舉陷，治風熱表證、麻疹透發不暢、熱毒斑疹、牙齦腫痛、口舌生瘡、咽喉腫痛、瘡瘍以及久瀉脫肛、子宮下垂等。

無患子

Sapindus mukorossi Gaertn.

別名▌木患子、黃目子、洗手果、肥皀樹。

科名▌無患子科 Sapindaceae

功效▌根味苦，性涼。能清熱解毒、行氣止癰，治風熱感冒、咳嗽哮喘、胃痛、尿濁、帶下、乳蛾等。

賜米草

Sida rhombifolia L.

別名 金午時花、(白背)黃花稔、大號嗽血仔草、鬼柳根。

科名 錦葵科 Malvaceae

功效 全草味甘、辛，性涼。能清熱利濕、活血排膿，治流行性感冒、乳蛾、痢疾、泄瀉、黃疸、痔血、吐血、癰疽疔瘡等。

賜米草藥材

單葉蔓荊

Vitex rotundifolia L. f.

別名 海埔姜、山埔姜、白埔姜、蔓荊、蔓荊仔。

科名 馬鞭草科 Verbenaceae

功效 果實(藥材稱蔓荊子)味苦、辛，性涼。能疏散風熱、清利頭目，治風熱感冒、頭痛、齒齦腫痛、目赤多淚、頭暈目眩等。

2 能止咳之保健植物

朱蕉

Cordyline fruticosa (L.) A. Cheval.

別名 觀音竹、紅竹仔、紅(竹)葉、宋竹。

科名 百合科 Liliaceae

功效 葉味淡，性平。能清熱、涼血、止血、散瘀、止痛，治咳嗽、流鼻血特效。

雞屎藤

Paederia foetida L.

別名 牛皮凍、清風藤。

科名 茜草科 Rubiaceae

功效 全草或根味甘、酸、微苦，性平。能祛風利濕、消食化積、消炎止咳、活血止痛，治積食飽脹、胃氣痛、經閉、風濕疼痛、長年久咳(取老藤爲佳)、氣虛浮腫等。嫩葉煎蛋食，爲咳嗽之食療方。

蚌蘭

Rhoeo discolor Hance

別名 紫萬年青、紅三七、荷包花、虹蚌花、菱角花。

科名 鴨跖草科 Commelinaceae

功效 (1)葉味甘、淡，性涼。能清熱潤肺、化痰止咳、涼血止痢、止血去瘀、解鬱，治肺炎、肺熱乾咳、勞傷吐血、跌打損傷等。(2)花序能清肺化痰、涼血、止痢，治肺熱乾咳、衄血、便血、血痢。

臺灣百合

Lilium formosanum Wall.

別名▌通江百合、高砂百合、(野)百合。

科名▌百合科 Liliaceae

功效▌(肉質)鱗莖味甘，性微寒。能養陰止渴、潤肺止咳、清心安神，治肺熱咳嗽、癆嗽久咳、痰中帶血、熱病餘熱未清、失眠多夢、虛煩驚悸等。

◀賀曉帆／攝影

3 能祛痰之保健植物

鼠麴草

Gnaphalium luteoalbum L. subsp. ***affine*** (D. Don) Koster

別名▌鼠曲草、黃花麴草、佛耳草、清明草、黃花艾、鼠麴。

科名▌菊科 Compositae

功效▌全草味甘，性平。能止咳平喘、祛風利濕、降血壓、化痰，治咳嗽痰多、氣喘、感冒風寒、筋骨酸痛、癰瘍、帶下等。

大芥

Brassica juncea (L.) Czerm & Coss.

別名▌芥菜、芥子、大菜、雞冠菜、刈菜、辛菜、長年菜。

科名▌十字花科 Cruciferae

功效▌嫩莖、葉、種子味辛，性溫。(1)嫩莖、葉能宣肺祛痰、溫中利氣，治咳嗽痰滯、寒飲內盛等。(2)種子(藥材稱白芥子)能溫中散寒、利氣祛痰、通絡止痛、消腫解毒，治嘔吐、咳嗽、喘咳、關節痲木、跌打、痛經、等。

編語▌竹苗地區客家人習稱本植物為「鹹菜」。

枇杷

Eriobotrya japonica Lindley

別名▌枇杷葉。

科名▌薔薇科 Rosaceae

功效▌(1)葉味苦，性涼。能清肺化痰、降逆止嘔、止渴，治慢性氣管炎、痰嗽、嘔吐、陰虛勞嗽、咳血、衄血、吐血、妊娠惡阻、小兒吐乳、糖尿病、酒渣鼻等。(2)果實味甘、酸，性涼。能潤肺、止咳，治肺痿咳血、燥渴、發熱等。

4 治肺癰之保健植物

山芙蓉

Hibiscus taiwanensis Hu

別名▌狗頭芙蓉。

科名▌錦葵科 Malvaceae

功效▌根及莖味微辛，性平。能清肺止咳、涼血消腫、解毒，治肺癰、惡瘡等。

編語▌應用於肺癰治療，常與魚腥草配伍。

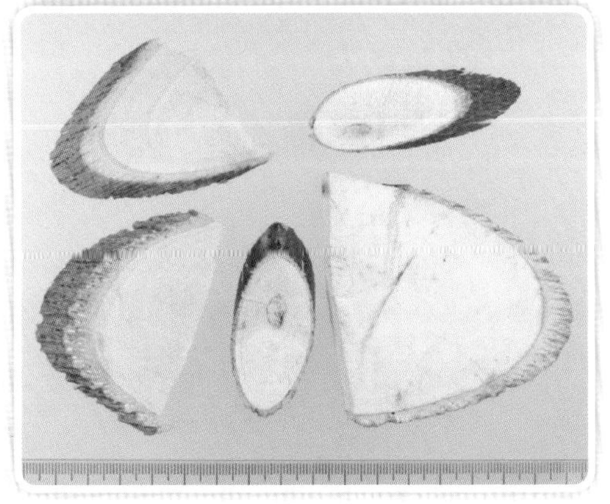

山芙蓉藥材

5 治喉嚨痛之保健植物

紫色禿馬勃

Calvatia lilacina (Mont. & Berk.) Lloyd

別名▐ 馬勃、馬屁勃、紫色馬勃。

科名▐ 馬勃科 Lycoperdaceae

功效▐ 子實體(藥材稱馬勃)味辛，性平。能止血、消腫，治咳嗽、咽喉腫痛等。

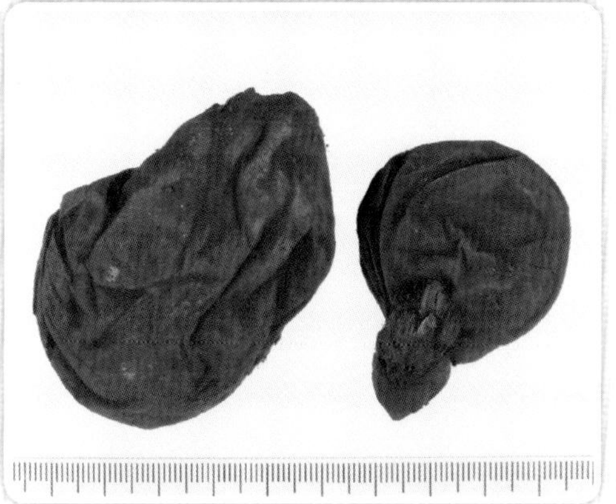

◀馬勃藥材

射干

Belamcanda chinensis (L.) DC.

別名▐ 開喉箭、老君扇、烏扇、扇子草、野萱花、交剪草。

科名▐ 鳶尾科 Iridaceae

功效▐ 根莖味苦，性寒。能清熱解毒、利咽喉、降氣祛痰、散血，治咽喉腫痛、咳逆、經閉、癰瘡等。

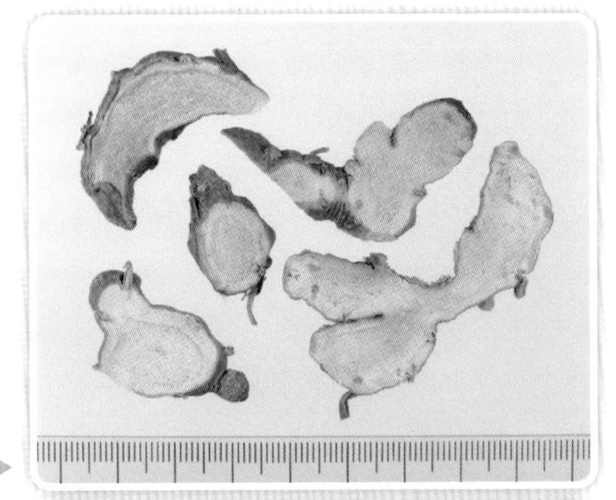

射干藥材

扛板歸

Polygonum perfoliatum L.

別名▌三角鹽酸、犁壁刺、刺犁頭、穿葉蓼。

科名▌蓼科 Polygonaceae

功效▌全草味酸，性平。能清熱解毒、利水消腫、止咳止痢，治百日咳、氣管炎、上呼吸道感染、急性扁桃腺炎、腎炎、水腫、高血壓、黃疸、泄瀉、瘧疾、頓咳、濕疹、疥癬等。

臺灣油點草

Tricyrtis formosana Baker

別名▌石溪蕉、溪蕉、竹葉草、黑點草、金尾蝶、石水蕉。

科名▌百合科 Liliaceae

功效▌全草味苦、辛，性平。能清熱利尿、疏肝潤肺、解毒消腫，治感冒發熱、熱咳、咽喉腫痛、肺炎、膀胱炎、小便不利、尿毒、瘀血氣滯等。

臺灣一葉蘭

Pleione bulbocodioides (Franch.) Rolfe

別名▌一葉蘭、獨蒜蘭、冰球子。

科名▌蘭科 Orchidaceae

功效▌全草味苦、微辛，性涼。能消腫散結、化痰、清熱解毒，治癰疽癤腫、咽喉腫痛、瘰癧、狂犬咬傷等。

假木豆

Dendrolobium triangulare (Retz.) Schindler

別名▌山豆根。

科名▌豆科 Leguminosae

功效▌根、葉味辛、甘，性寒。能清熱涼血、舒筋活絡、健脾利濕，治咽喉腫痛、跌打損傷、風濕痺痛、泄瀉、小兒疳積等。

酢漿草

Oxalis corniculata L.

別名▌鹽酸(仔)草、三葉酸、黃花酢漿草。

科名▌酢漿草科 Oxalidaceae

功效▌全草味酸，性涼。能清熱解毒、安神降壓、利濕涼血、散瘀消腫，治痢疾、黃疸、吐血、咽喉腫痛、跌打損傷、燒燙傷、痔瘡、脫肛、疔瘡、疥癬等。

苦蘵

Physalis angulata L.

別名 燈籠草、(豎叢)炮仔草、蝶仔草、燈籠酸醬。

科名 茄科 Solanaceae

功效 全草味酸、苦，性寒。能清熱解毒、消腫散結，治咽喉腫痛、痄腮、牙齦腫痛、急性肝炎、細菌性痢疾、蛇傷等。

鈕仔茄

Solanum violaceum Ortega

別名 印度茄、五宅茄、刺柑仔、南天茄。

科名 茄科 Solanaceae

功效 粗莖及根味微苦，性涼，有小毒。能消炎止痛、消腫散瘀，治咽喉腫痛、胃痛、牙痛、偏頭痛、腸癰、疝氣、風濕痛、消化不良、腹脹、瘧疾、癰瘡腫毒、跌打等。

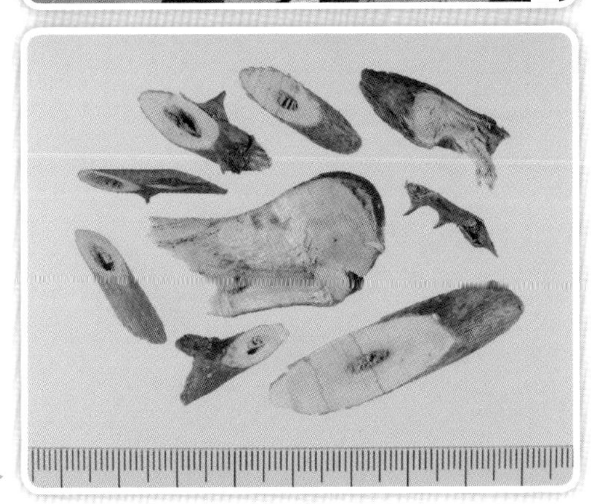

鈕仔茄藥材

毛忍冬

Lonicera japonica Thunb.

別名 金銀花、新店忍冬、四時春、忍冬藤、毛金銀花、忍冬。

科名 忍冬科 Caprifoliaceae

功效 花蕾(藥材稱金銀花)味甘，性涼。能清熱、解毒，治咽喉腫痛、流行性感冒、乳蛾、乳癰、腸癰、癰癤膿腫、丹毒、外傷感染、帶下等。

6 治感冒高燒之保健植物

仙人球

Echinopsis multiplex Preiff. & Otto

別名 八卦癀、刺球。

科名 仙人掌科 Cactaceae

功效 莖味甘、淡，性平。能解高熱，治腦膜炎、發燒等。

茄冬

Bischofia javanica Blume

別名 重陽木、秋楓樹。

科名 大戟科 Euphorbiaceae

功效 葉味微辛、澀，性涼。能行氣活血、消腫解毒，治風濕骨痛、食道癌、胃癌、傳染性肝炎、小兒疳積、風熱咳喘、咽喉疼痛等；外用治癰疽，瘡瘍。

編語 高燒不退可取本植物嫩葉，加鹽搗汁內服。

倒地鈴

Cardiospermum halicacabum L.

別名▌ 假苦瓜、風船葛、天燈籠、三角燈籠、倒藤卜仔草。

科名▌ 無患子科 Sapindaceae

功效▌ 全草味苦、微辛，性涼。能散瘀消腫、涼血解毒、清熱利水，治黃疸、淋病、疔瘡、膿皰瘡、疥瘡、蛇咬傷、發燒不退(忽冷忽熱)等。

心基葉溲疏

Deutzia cordatula Li

別名▌ 土常山、本常山、蜀七。

科名▌ 虎耳草科 Saxifragaceae

功效▌ 根及粗莖味辛，性寒。能解熱、止瘧，治瘧疾。

編語▌ 本植物的花略帶粉紅色，且葉片基部常見淺心形，可與臺灣產同屬植物區別。

華八仙

Hydrangea chinensis Maxim.

別名▌ 土常山、長葉溲疏、粉團綉球。

科名▌ 虎耳草科 Saxifragaceae

功效▌ 根、葉味辛、酸，性涼。能利尿、抗瘧、祛瘀止痛、活血生新，治跌打損傷、骨折、痲疹等。

馬蹄金

Dichondra micrantha Urban

別名 (馬)茶金、金錢草、黃疸草。

科名 旋花科 Convolvulaceae

功效 全草味苦、辛，性平。能清熱解毒、利濕消腫、止血生肌，治小兒高燒不退、疝氣、黃疸腹脹、高血壓、結石淋痛、跌打損傷、毒蛇咬傷等。

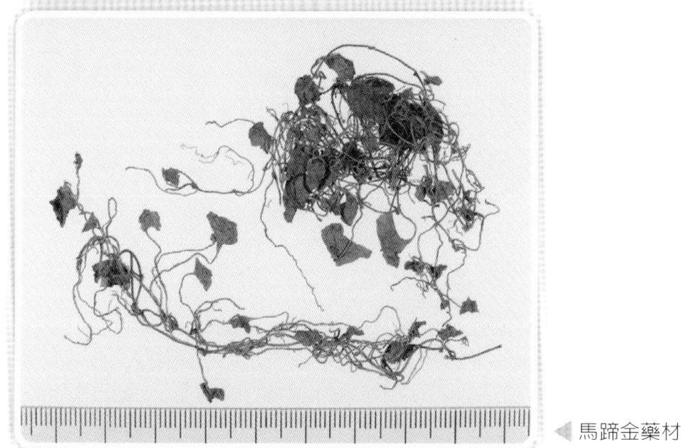

馬蹄金藥材

魚針草

Anisomeles indica (L.) Kuntze

別名 客人抹草、避邪草、抹草、土防風、希尖草、希簽草。

科名 唇形科 Labiatae

功效 全草味辛、苦，性平。能祛風濕、消瘡毒、解熱、健胃、解毒、止痛，治感冒發熱、腹痛、嘔吐、風濕骨痛、濕疹、腫毒、瘡瘍、痔瘡、毒蛇咬傷等。

長柄菊

Tridax procumbens L.

別名 肺炎草、燈籠草、羽芒菊。

科名 菊科 Compositae

功效 全草味苦，性涼。能解熱、消炎，治肺炎、咳嗽、感冒高熱不退等。

編語 取本植物枝葉10份(每份含葉3～5片)、裂葉麻瘋葉2片，兩者鮮品絞汁內服，可治感冒發燒。(台中縣大肚鄉・謝和福 / 提供)

7 治中耳炎之保健植物

虎耳草

Saxifraga stolonifera Meerb.

別名 豬耳草、石荷葉。

科名 虎耳草科 Saxifragaceae

功效 全草味微苦、辛，性寒。能祛風、清熱、涼血、消腫、解毒，治風疹、中耳炎、咳嗽、咳血、牙痛、瘰癧、濕疹、皮膚搔癢、癰腫疔毒、蜂蠍螫傷等。

天竺葵

Pelargonium hortorum Bailey

別名 石蠟紅、月月紅。

科名 牻牛兒苗科 Geraniaceae

功效 花味苦、澀，性涼。能清熱、消炎，治中耳炎。

白匏子

Mallotus paniculatus (Lam.) Muell.-Arg.

別名▌白匏、白葉仔、白背葉。

科名▌大戟科 Euphorbiaceae

功效▌根及粗莖味微苦、澀，性平。治痢疾、陰挺(子宮下垂)、中耳炎等。

8 治麻疹不發之保健植物

毛節白茅

Imperata cylindrica (L.) P. Beauv. var. ***major*** (Nees) C. E. Hubb. ***ex*** Hubb. & Vaughan

別名▌(白)茅根、茅仔草。

科名▌禾本科 Gramineae

功效▌根莖(藥材稱白茅根或園仔根)味甘，性寒。能涼血止血、清熱利尿，治麻疹不發、熱病煩渴、吐血、水腫等。

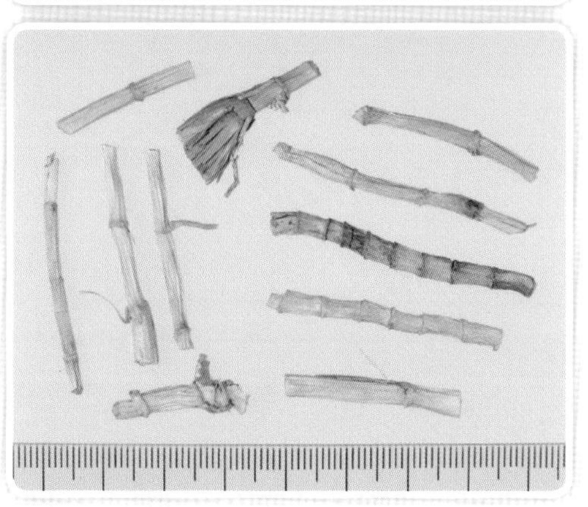

◀白茅根藥材

水麻

Debregeasia orientalis C. J. Chen

別名｜水麻仔、痲仔。

科名｜蕁麻科 Urticaceae

功效｜全草味甘，性涼。能解表、清熱、活血、利濕，治小兒驚風、痲疹不透、風濕性關節炎、咳血、痢疾、跌打損傷、毒瘡等。

9 能止癢之保健植物(多採外用)

鷓鴣痲

Kleinhovia hospita L.

別名｜克蘭樹、面頭粿、倒地鈴。

科名｜梧桐科 Sterculiaceae

功效｜葉味苦，性溫，有毒。能殺蟲療癬、燥濕止癢，治疥瘡、癬疾、皮疹癢痛、頭風等；煎汁洗滌皮膚病、疥癬。

白蒲姜

Buddleja asiatica Lour.

別名｜駁骨丹、山埔姜、海揚波、揚波。

科名｜馬錢科 Loganiaceae

功效｜根及枝葉味苦、微辛，性溫，有小毒。能祛風利濕、行氣活血、清熱解毒、理氣止痛、舒筋活絡，治風濕關節痛、風寒發熱、頭身酸痛、脾濕腹脹、痢疾、丹毒、跌打、皮膚病、婦女產後頭風痛、胃寒作痛、骨折等；外洗治皮膚濕疹。

馬纓丹

Lantana camara L.

別名▌五色梅、臭花草、如意花、頭暈花。

科名▌馬鞭草科 Verbenaceae

功效▌枝葉味苦，性涼，有小毒。能祛風止癢、解毒消腫，治癰腫、疥瘡等。

10 顧氣管之保健植物

(此類保健植物能降低呼吸系統之過敏反應)

霸王花

Hylocereus undatus (Haw.) Br. & Rose.

別名▌量天尺、劍花、七星劍花、韋駄花、華陀花、火龍果。

科名▌仙人掌科 Cactaceae

功效▌花味甘、淡，性涼。能清熱、潤肺、止咳。

曇花

Epiphyllum oxypetalum (DC.) Haw.

別名▌鳳花、金鉤蓮、葉下蓮、瓊花、月下美人。

科名▌仙人掌科 Cactaceae

功效▌(1)花味甘，性平。能清熱、止血、清肺止咳、化痰，治氣喘、肺癆、咳嗽、咯血、高血壓、崩漏等。(2)莖味酸、鹹，性涼。能清熱解毒，治咽喉腫痛、疥癬等。

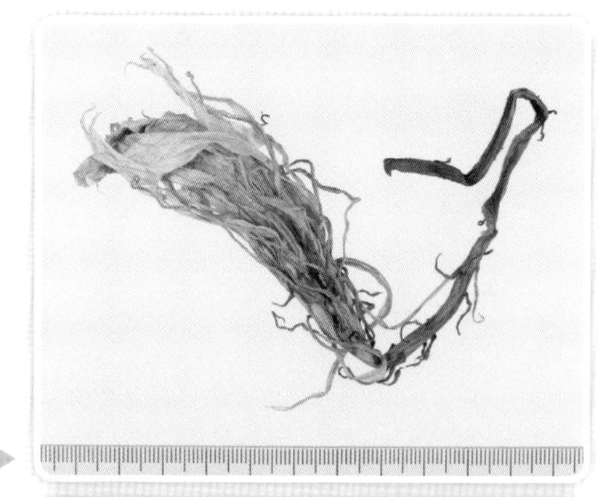
曇花藥材

11 抗新流感之保健植物

穿心蓮
Andrographis paniculata (Burm. f.) Nees

別名▌欖核蓮、一見喜、圓錐鬚藥草、苦膽草、一葉茶。

科名▌爵床科 Acanthaceae

功效▌枝葉味苦，性寒，有毒。能清熱解毒、消腫止痛，治扁桃腺炎、咽喉炎、流行性腮腺炎、肺炎、細菌性痢疾、急性胃腸炎等。

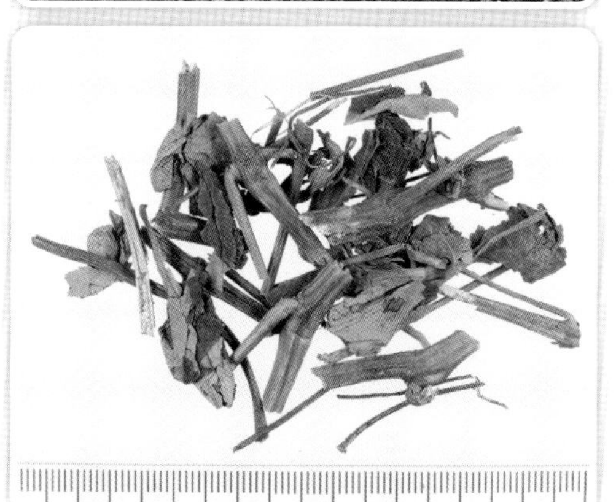
穿心蓮藥材

艾

Artemisia indica **Willd.**

別名 五月艾。

科名 菊科 Compositae

功效 葉味苦、辛，性溫。能理氣血、逐寒濕、溫經、止血、安胎，治心腹冷痛、久痢、月經不調、胎動不安等。

艾葉藥材

到手香

Plectranthus amboinicus **(Lour.) Spreng.**

別名 著手香、左手香。

科名 唇形科 Labiatae

功效 地上部分味辛，性微溫。能芳香化濁、開胃止嘔、發表解暑，爲芳香健胃藥，治濕濁中阻、脘痞嘔吐、暑濕倦怠、胸悶不舒、腹痛吐瀉等。

白有骨消

Hyptis rhomboides Mart. &. Gal.

別名 頭花香苦草、紅有骨消、有骨消、吊球草、頭花假走馬風。

科名 唇形科 Labiatae

功效 全草味淡，性涼。能祛濕、消滯、消腫、解熱、止血，治感冒、肺疾、中暑、氣喘、淋病等。

散血草

Ajuga taiwanensis Nakai ***ex*** Murata

別名 臺灣筋骨草、有苞筋骨草。

科名 唇形科 Labiatae

功效 帶根全草(藥材稱白尾蜈蚣)味苦，性寒。能清熱解毒、涼血止血，治感冒、支氣管炎、扁桃腺炎、腮腺炎、赤白痢疾、外傷出血等。

12 治肺癌之保健植物

蔓菊

Mikania cordata (Burm. f.) B. L. Rob.

別名 (小花)蔓澤蘭、山瑞香。

科名 菊科 Compositae

功效 莖及葉味苦，性寒。民間治肺癌。

腎(膀胱)之保健植物

1 治腎炎、尿路感染之保健植物

鞭葉鐵線蕨

Adiantum caudatum L.

別名▌有尾鐵線蕨、有尾靈線草、過山龍。

科名▌鐵線蕨科 Adiantaceae

功效▌全草味苦、微甘，性平。能清熱解毒、利水消腫、止咳涼血、止血生肌，治口腔潰瘍、腎炎、膀胱炎、尿路感染、痢疾、吐血、血尿、癰瘡腫毒、蛇傷等。

水冬瓜

Saurauia tristyla DC. var. ***oldhamii*** (Hemsl.) Finet & Gagnep.

別名▌水東哥、水枇杷、大有樹、白飯木、白飯果。

科名▌獼猴桃科 Actinidiaceae

功效▌(1)根味微苦，性涼。能清熱解毒、止咳止痛，治風熱咳嗽、風火牙痛、白帶、尿路感染、精神分裂、肝炎等。(2)樹皮治尿路感染、骨髓炎、癰瘤。

水丁香
Ludwigia octovalvis (Jacq.) Raven

別名▌水香蕉、毛草龍、草裏金釵、針銅射。

科名▌柳葉菜科 Onagraceae

功效▌(1)根及莖(稱水丁香頭)味苦、微辛，性寒。能解熱、利尿、降壓、消炎，治腎臟炎、水腫、肝炎、黃疸、高血壓、感冒發熱、吐血、痢疾、牙痛、皮膚癢等。(2)嫩枝葉(稱水丁香心)能利水、消腫，治腎臟炎、水腫、高血壓、喉痛、癰疽疔腫、火燙傷等。

2 治尿路結石之保健植物

石韋
Pyrrosia lingus (Thunb.) Farw.

別名▌小石葦、石劍、飛刀劍。

科名▌水龍骨科 Polypodiaceae

功效▌全草(或葉)味苦、甘，性微寒。能利水通淋、清肺泄熱，治淋痛、尿血、尿道結石、腎炎、崩漏、痢疾、肺熱咳嗽等。

金錢薄荷
Glechoma hederacea L. var. ***grandis*** (A. Gray) Kudo

別名▌金錢草、大馬蹄草、虎咬癀、相思草、茶匙癀、冇骨消。

科名▌唇形科 Labiatae

功效▌全草味辛、苦，性涼。能解毒、利尿、解熱、行血、消腫、止痛、祛風、止咳，治感冒、腹痛、跌打、膀胱結石、咳嗽、頭風、惡瘡腫毒等。

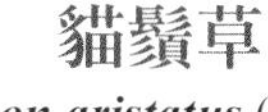

貓鬚草

Orthosiphon aristatus (Blume) Miq.

別名▌腎茶、貓鬚公、圓錐直管草、(小號)化石草。

科名▌唇形科 Labiatae

功效▌莖葉(藥材稱化石草)味甘、淡、微苦，性涼。能清熱、利尿、排石，治急慢性腎炎、膀胱炎、尿路結石、風濕性關節炎等。

◀化石草藥材

化石樹

Clerodendrum calamitosum L.

別名▌結石樹、大號化石草。

科名▌馬鞭草科 Verbenaceae

功效▌葉味苦，性寒，有小毒。能利尿、排石，治膀胱結石、腎結石等。

3 治小便不利之保健植物

滿天星

Alternanthera sessilis (L.) R. Br.

別名▌紅田烏、田烏草、紅花蜜菜、蓮子草。

科名▌莧科 Amaranthaceae

功效▌全草味苦，性涼。能清熱、利尿、解毒，治咳嗽吐血、腸風下血、淋病、腎臟病、痢疾等。

車前草

Plantago asiatica L.

別名▌五根草、臺灣車前、前貫草、枝仙草。

科名▌車前科 Plantaginaceae

功效▌全草味甘，性寒。能清熱利尿、祛痰、涼血、解毒，治水腫尿少、熱淋澀痛、暑濕瀉痢、痰熱咳嗽、吐血、衄血、癰腫、瘡毒等。

編語▌本品兼有降血脂作用。

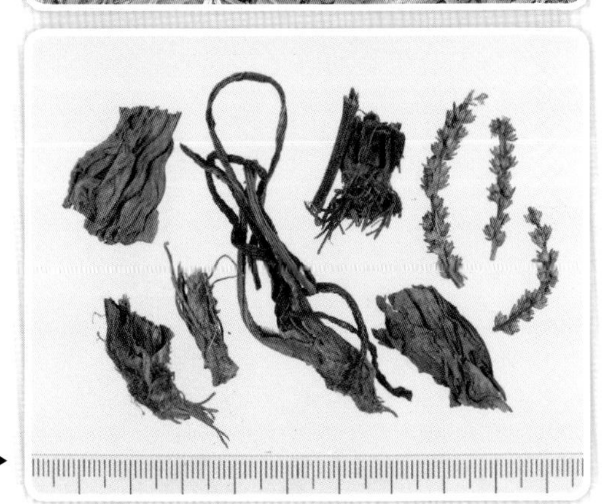

車前草藥材▶

4 治攝護腺肥大之保健植物

粉藤

Cissus repens Lam.

別名▌獨腳烏桕、接骨藤。

科名▌葡萄科 Vitaceae

功效▌塊根(藥材稱粉藤薯)味甘、辛，性平。能活血通絡、清熱涼血、解毒消腫，治腫毒、皮膚病、疔瘡、骨蒸勞熱、跌打損傷、風濕痺痛、瘰癧、痰核、毒蛇咬傷等。

◀粉藤薯藥材

南瓜

Cucurbita moschata (Duch.) Poiret

別名▌金瓜、美國南瓜、金冬瓜。

科名▌葫蘆科 Cucurbitaceae

功效▌(1)果實味甘，性溫。能補中益氣、消炎止痛、解毒殺蟲。(2)種子味甘，性平。能殺蟲、下乳、利水消腫，治寄生蟲病、產後缺乳、產後手足浮腫、痔瘡、攝護腺肥大等。

5 治風濕、跌打之保健植物

柚葉藤

Pothos chinensis (Raf.) Merr.

別名▌石蒲藤、石葫蘆、背帶藤、石柑。

科名▌天南星科 Araceae

功效▌全草味苦、辛，性微溫。能祛風除濕、舒筋活絡、活血散瘀、止咳，治跌打損傷、風濕關節痛、咳嗽、骨折、中耳炎、鼻塞流涕等。

風藤

Piper kadsura (Choisy) Ohwi

別名▌細葉青蔞藤、大風藤、海風藤、爬岩香。

科名▌胡椒科 Piperaceae

功效▌藤莖味辛、苦，性微溫。能祛風濕、通經絡、理氣，治風濕疼痛、跌打損傷等。

牛乳榕

Ficus erecta Thunb. var. ***beecheyana*** (Hook. et Arn.) King

別名▌大本牛乳埔、牛乳房、牛奶埔、牛乳楠。

科名▌桑科 Moraceae

功效▌(1)根及莖味甘、淡，性溫。能補中益氣、健脾化濕、強筋健骨，治風濕、跌打、糖尿病等。(2)果實能緩下、潤腸，治痔瘡。

薜荔

Ficus pumila L.

別名▌石壁蓮、木蓮、涼粉果、木饅頭、風不動。

科名▌桑科 Moraceae

功效▌(1)不育幼枝味苦，性平。能祛風通絡、活血止痛，治風濕、腰腿痛、跌打損傷、癰腫瘡毒等。(2)根味苦，性平。能祛風除濕、舒筋通絡，治頭痛眩暈、風濕關節痛、產後風等。(3)莖葉味酸，性平。能祛風利濕、活血解毒，治風濕痺痛、瀉痢、淋症等。

葎草

Humulus scandens (Lour.) Merr.

別名▌山苦瓜、野苦瓜、玄乃草、苦瓜草、烏仔蔓。

科名▌桑科 Moraceae

功效▌全草味甘、苦，性寒。能清熱解毒、利尿消腫，治小便淋痛、瘧疾、泄瀉、痔瘡、風熱咳喘等。

編語▌本植物的根專治跌打損傷。

黃金桂

Maclura cochinchinensis (Lour.) Corner

別名▌葨芝、九重皮、穿破石、柘(ㄓㄜˋ)樹、白刺格仔。

科名▌桑科 Moraceae

功效▌根及粗莖(藥材稱黃金桂)味微苦，性涼。能祛風利濕、活血通經，治風濕關節痛、勞傷咳血、跌打損傷等。

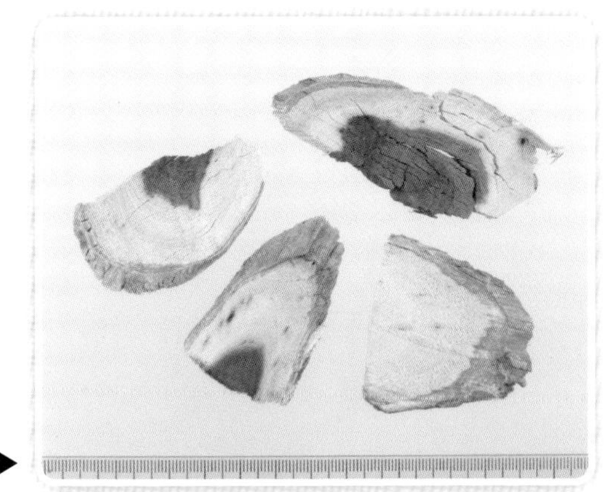

黃金桂藥材▶

串鼻龍

Clematis gouriana Roxb. ***ex*** DC.
subsp. ***lishanensis*** Yang & Huang

別名▌梨山小蓑衣藤。

科名▌毛茛科 Ranunculaceae

功效▌藤莖味微苦，性溫。能行氣活血、祛風除濕、止痛，治跌打損傷、瘀滯疼痛、風濕骨痛等。

木防己

Cocculus orbiculatus (L.) DC.

別名▌土木香、防己、青藤、(鐵)牛入石。

科名▌防己科 Menispermaceae

功效▌根及粗莖味苦、辛，性寒。能祛風止痛、消腫解毒，治中暑、腹痛、水腫、風濕關節痛、神經痛、咽喉腫痛、癰腫瘡毒、毒蛇咬傷、跌打損傷等。

千金藤

Stephania japonica (Thunb. ***ex*** Murray) Miers

別名▌犁壁藤、金線吊烏龜、倒吊癀、蓮葉葛。

科名▌防己科 Menispermaceae

功效▌根或莖葉味苦、辛，性寒。能清熱解毒、祛風止痛、利水消腫，治咽喉腫痛、牙痛、胃痛、小便淋痛、腳氣水腫、瘧疾、風濕關節痛、瘡癤癰腫、痢疾、毒蛇咬傷、跌打等。

南五味

Kadsura japonica (L.) Dunal

別名▌紅骨蛇、內風消、內骨消。

科名▌木蘭科 Magnoliaceae

功效▌根及藤味辛、澀、苦，性平。能解熱、止渴、鎮痛、散風、舒筋、涼血、止痢、消腫、行血，治風濕病、跌打損傷等。

海桐

Pittosporum tobira Ait.

別名▌海桐花、七里香。

科名▌海桐科 Pittosporaceae

功效▌根味苦、辛，性溫。能祛風活絡、散瘀止痛，治風濕關節痛、跌打等。

千斤拔

Flemingia prostrata Roxb.

別名▌菲律賓千斤拔、菲島佛來明豆、一條根。

科名▌豆科 Leguminosae

功效▌根味甘、辛，性溫。能祛風利濕、活血解毒、理氣健脾、強筋骨，治風濕痺痛、四肢無力、食慾不振、消化不良等；外用治跌打損傷、癰腫等。

月橘

Murraya paniculata (L.) Jack.

別名▌七里香、九里香、十里香、滿山香。

科名▌芸香科 Rutaceae

功效▌全株味辛、苦，性微溫。(1)枝葉能行氣活血、祛風除濕、止痛，治脘腹氣痛、疥瘡、跌打等。(2)根能祛風除濕、散瘀止痛，治風濕、腰膝冷痛、痛風、跌打、睪丸腫痛、濕疹、疥癬等。

扛香藤

Mallotus repandus (Willd.) Muell.-Arg.

別名▌桶鉤藤、石岩楓、桶交藤、扛藤。

科名▌大戟科 Euphorbiaceae

功效▌根及莖味甘、微苦，性寒。能祛風除濕、活血通絡、解毒消腫，治風濕痺腫、慢性潰瘍、跌打、癰腫瘡瘍、濕疹、腰腿痛、產後風癱等。

臭茉莉

Clerodendrum chinense (Osbeck) Mabberley

別名▌ 臭梧桐。

科名▌ 馬鞭草科 Verbenaceae

功效▌ 根、葉味苦、辛，性平。(1)根能祛風利濕、化痰止咳、活血消腫，治風濕關節痛、腳氣水腫、跌打扭傷、血瘀腫痛、痔瘡、脫肛、慢性骨髓炎、帶下、咳嗽等。(2)葉能解毒、降壓，治癰腫瘡毒、疥癩、濕疹搔癢、高血壓等。

編語▌ 本植物(全株)為民間盛行之抗癌藥材。

臭娘子

Premna serratifolia L.

別名▌ 腐婢、牛骨仔、牛骨仔樹、厚樹仔。

科名▌ 馬鞭草科 Verbenaceae

功效▌ 根味苦、辛，性寒。能清熱、解毒，治瘧疾、小兒夏季熱、風濕痺痛、跌打損傷等。

圓葉雞屎樹

Lasianthus wallichii Wight

別名▌ 雞屎樹、雞屎木、樹雞屎藤。

科名▌ 茜草科 Rubiaceae

功效▌ 根及粗莖味甘、澀，性平。能活血行氣、祛風止痛、補腎，治風寒濕痺、腿痛、骨痛等。

編語▌ 本植物的葉基歪斜(即左右不對稱)，是辨識它的重要特徵之一。

蘄艾

Crossostephium chinense (L.) Makino

別名▌芙蓉菊、芙蓉、千年艾、海芙蓉、白石艾。

科名▌菊科 Compositae

功效▌根及粗莖(藥材稱海芙蓉)味辛、苦，性微溫。能祛風除濕，治風濕、胃寒疼痛等。

6 治糖尿病之保健植物

番石榴

Psidium guajava L.

別名▌那拔、拔仔、林仔扒、雞屎果、芭樂。

科名▌桃金孃科 Myrtaceae

功效▌葉、果實味甘、澀，性平。能收斂、止瀉、止血、驅蟲，治痢疾、泄瀉、小兒消化不良、糖尿病等。

編語▌本植物的根能倒陽，爲制慾劑。

芭樂葉藥材▶

香林投

Pandanus odorus Ridl.

別名▌ 芋香林投、七葉蘭、香露兜樹、印度神草、避邪樹。

科名▌ 露兜樹科 Pandanaceae

功效▌ 葉(藥材稱七葉蘭)能生津止咳、潤肺化痰、清熱利濕、解酒止渴，治糖尿病、高血壓、肝病、痛風、感冒咳嗽、肺熱氣管炎、宿酒困倦、小便不利、水腫等。

編語▌ 取本植物的葉60公克、麥門冬30公克、山藥90公克，煎水服，可治糖尿病。

紅象草

Pennisetum purpureum Schumach.

別名▌ 象草、牧草、紅牧草。

科名▌ 禾本科 Gramineae

功效▌ 筍及莖能清熱利濕、和胃消食、化痰止咳，治感冒發熱、熱咳、便秘、高血壓、糖尿病、腰酸背痛等。(本品多鮮用)

編語▌ 本品亦可當青草茶原料之一，口感佳。臺灣民間多數單味煮茶飲，以防治高血壓、糖尿病等慢性疾病。

玉蜀黍

Zea mays L.

別名▌ 番麥、玉米、苞穀、玉麥。

科名▌ 禾本科 Gramineae

功效▌ 花柱及柱頭(藥材稱玉米鬚或番麥鬚)味甘，性平，治水腫、黃疸、高血壓、糖尿病、石淋等。

玉米鬚藥材▶

鴨跖草

Commelina communis L.

別名▌水竹仔草、竹節草、藍花菜、碧蟬蛇、竹葉菜、竹節菜。

科名▌鴨跖草科 Commelinaceae

功效▌全草味甘、淡，性寒。能清熱解毒、利水消腫、潤肺涼血，治心因性水腫、腎炎水腫、腳氣、小便不利、咽喉腫痛、黃疸型肝炎、尿路感染、跌打等。

編語▌韓國學者發現本品具有抑制飯後血糖迅速上升之作用。

構樹

Broussonetia papyrifera
(L.) L'Hérit. ***ex*** Vent.

別名▌楮、鹿仔樹、穀樹。

科名▌桑科 Moraceae

功效▌根及粗莖味甘，性微寒。能清熱利濕、活血祛瘀，治糖尿病、咳嗽吐血、水腫、血崩、跌打損傷等。

編語▌本植物的枝條含螺楮樹寧(spirobroussonin) A、B，楮樹素(broussin)，楮樹寧C。根皮含楮樹黃酮醇(broussoflavonol) C、D。

桑

Morus alba L.

別名▌白桑、家桑、桑材仔、蠶仔葉樹。

科名▌桑科 Moraceae

功效▌葉味苦、甘，性寒。能疏風清熱、清肝明目，治風熱感冒、肺熱燥咳、頭痛、頭暈、目赤昏花、水腫、咽喉腫痛等。

編語▌本品爲降血糖的重要藥材之一。

◀桑葉藥材

綠莧草

Alternanthera paronychioides St. Hil.

別名▌(綠葉)腰仔草、腎草、法國莧、莧草、豆瓣草、匙葉蓮子草。

科名▌莧科 Amaranthaceae

功效▌全草味甘、淡，性涼。能活血化瘀、消腫止痛、清熱解毒、除濕利水、抗癌、利筋骨、潤腸，治風濕關節痛、類風濕關節炎、全身神經痛、高尿酸、手足拘攣、麻木、屈伸不利、胃炎、十二指腸潰瘍、尿毒症、急慢性腎炎、膀胱炎、膀胱癌、尿蛋白、高血壓、膽固醇過高、糖尿病、老花眼等。

馬齒莧

Portulaca oleracea L.

別名▌瓜子菜、五行草、豬母菜、長命菜、豬母乳。

科名▌馬齒莧科 Portulacaceae

功效▌全草味酸，性寒。能清熱解毒、散瘀消腫、涼血止血、除濕通淋，治熱痢膿血、血淋、癰腫、丹毒、燙傷、帶下、糖尿病等。

蛇莓

Duchesnea indica (Andr.) Focke

別名▌蛇婆、蛇波、地莓、龍吐珠、三爪龍、地楊梅。

科名▌薔薇科 Rosaceae

功效▌全草(藥材稱蛇波)味甘、酸，性涼。能清熱解毒、散瘀消腫、涼血止血，治白喉、熱病、疔瘡、燙傷、感冒、黃疸、目赤、口瘡、咽喉腫痛、癬腫、月經不調、跌打、糖尿病等。

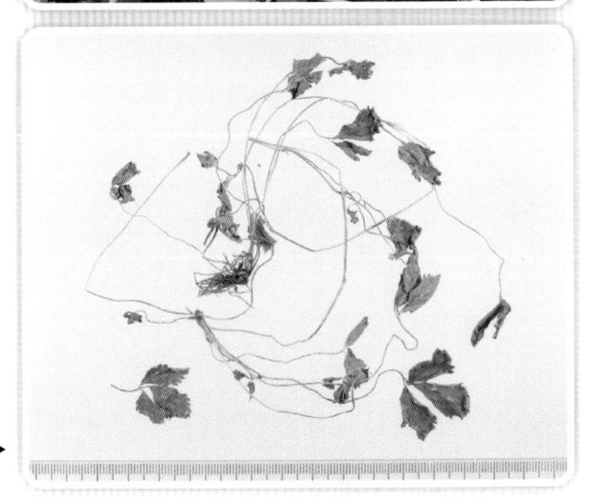

蛇波藥材▶

扁豆

Lablab purpureus (L.) Sweet

別名▌ 白扁豆、蛾眉豆、鵲豆、白肉豆。

科名▌ 豆科 Leguminosae

功效▌ 根或藤莖(藥材稱白肉豆根)爲臺灣民間治療糖尿病、腎虛尿濁、下消之常用藥材。

◀白肉豆根藥材

香椿

Toona sinensis (Juss.) M. Roem.

別名▌ 椿、豬椿、紅椿、白椿、香樹、父親樹。

科名▌ 楝科 Meliaceae

功效▌ 葉味苦，性平。能消炎、解毒、殺蟲、止渴，治痔瘡、痢疾、糖尿病等。

羅氏鹽膚木

Rhus chinensis **Mill. var. *roxburghii*** (DC.) Rehd.

別名▌鹽霜柏、鹽膚木、埔鹽、山鹽青、鹽東花。

科名▌漆樹科 Anacardiaceae

功效▌莖(藥材稱埔鹽片)治糖尿病。

埔鹽片藥材▶

龍眼

Euphoria longana Lam.

別名▌圓眼、寶圓、益智、亞荔枝、桂圓、福圓。

科名▌無患子科 Sapindaceae

功效▌(1)根及粗莖(藥材稱龍眼根)味微苦、澀，性平。能利濕、通絡、收斂，治糖尿病。(2)龍眼肉味甘，性溫。能益心脾、補氣血、安神，治虛勞羸弱、失眠、健忘、怔忡等。

◀龍眼根藥材

苦麻賽葵

Malvastrum coromandelianum (L.) Garcke

別名▌賽葵、黃花棉、大葉黃花猛。

科名▌錦葵科 Malvaceae

功效▌全草味微甘，性涼。能清熱、利濕、解毒、祛瘀、消腫，治感冒、泄瀉、痢疾、黃疸、風濕關節痛、肝炎、糖尿病等。

大花紫薇

Lagerstroemia speciosa (L.) Pers.

別名▌大果紫薇、大葉紫薇、百日紅。

科名▌千屈菜科 Lythraceae

功效▌根味苦、澀，性平。能收斂、降血糖，治癰瘡腫毒、糖尿病等。

大葉桉

Eucalyptus robusta Smith

別名▌蚊仔樹、桉樹、大葉有加利、尤加利。

科名▌桃金孃科 Myrtaceae

功效▌葉味辛、微苦，性平。能清熱解毒、抗菌消炎、防腐止癢，治感冒、咽喉腫痛、泄瀉、痢疾、絲蟲病、糖尿病等。

武靴藤

Gymnema sylvestre (Retz.) Schult.

別名▌羊角藤。

科名▌蘿藦科 Asclepiadaceae

功效▌根及粗莖味苦，性平。能消腫、止痛、清熱、涼血、生肌、止渴，治糖尿病；外用治多發性膿腫、深部膿瘍、乳腺炎、癰瘡腫毒等。

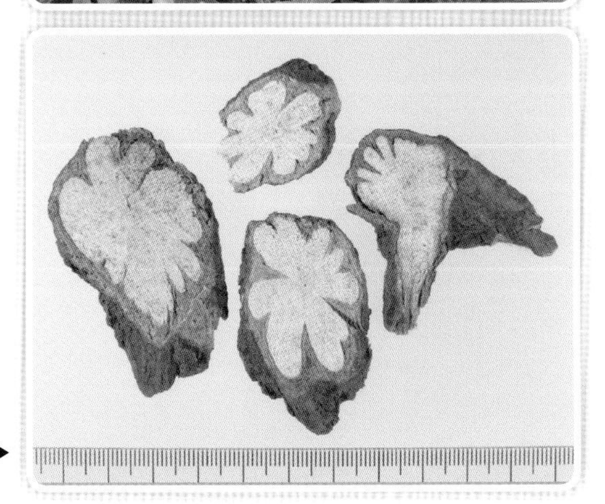

武靴藤藥材▶

杜虹花

Callicarpa formosana Rolfe

別名▌(白)粗糠仔、白粗糠、山檳榔、臺灣紫珠。

科名▌馬鞭草科 Verbenaceae

功效▌根及粗莖(藥材稱粗糠仔或白粗糠)能補腎滋水、清血去瘀，治風濕、手腳酸軟無力、下消、白帶、咽喉腫痛、神經痛等。

編語▌對於下消、尿濁之治療，白粗糠燉豬腸服，爲一簡易的食療方。(桃園縣八德市・劉建賢 / 提供)

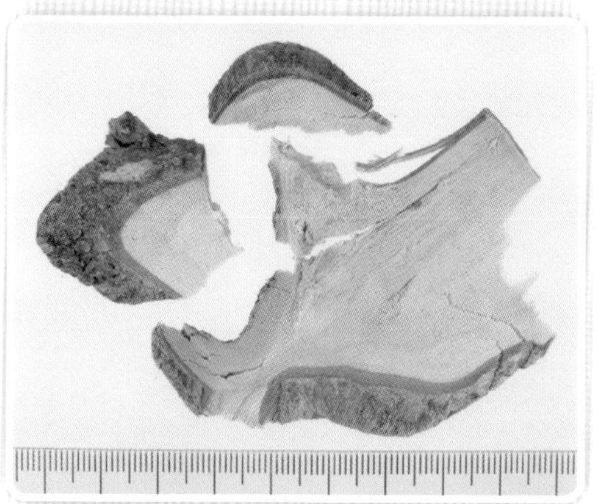

◀白粗糠藥材

黃鐘花

Tecoma stans (L.) Juss. ***ex*** H. B. K.

別名▌金鐘花。

科名▌紫葳科 Bignoniaceae

功效▌本植物的葉或樹皮於墨西哥爲知名的降血糖藥材。現代研究發現本植物可能具有降血糖、抗肝癌及乳癌細胞增生、抗氧化、抗菌等作用。

苦瓜

Momordica charantia L.

別名▌涼瓜、金荔枝、紅羊、紅姑娘、癩瓜。

科名▌葫蘆科 Cucurbitaceae

功效▌果實味苦，性寒。能清熱、解毒、明目、消渴，治中暑發熱、牙痛、泄瀉、痢疾、便血、痱子、丹毒、惡瘡、赤眼、疔瘡癰腫、糖尿病等。

7 治腎虛遺精之保健植物

恆春山藥

Dioscorea doryphora Hance

別名▌恆春薯蕷。

科名▌薯蕷科 Dioscoreaceae

功效▌擔根體味甘，性平。能補脾健胃、益肺、澀精縮尿，治腎虛遺精、耳鳴、小便頻數、脾胃虧損、氣虛衰弱、肺虛喘咳等。

編語▌本品爲「山藥」眾多來源植物中之優質品。

刺莧

Amaranthus spinosus L.

別名▌假莧菜、白刺莧、白刺杏。

科名▌莧科 Amaranthaceae

功效▌全草味甘，性寒。能清熱利濕、解毒消腫、涼血止血，治胃出血、便血、膽囊炎、痢疾、濕熱泄瀉、浮腫、帶下、膽結石、瘰癧、痔瘡、咽喉腫痛、小便澀痛、牙齦糜爛等。

編語▌治腎虛遺精，可取白鴨杏(不會生蛋的菜鴨)與白刺杏、白椿根共燉服食，效佳。(彰化縣福興鄉・黃受聰 / 提供)

小葉黃鱔藤

Berchemia lineata (L.) DC.

別名▌鐵包金、(細葉)勾兒茶、烏里乃(仔)。

科名▌鼠李科 Rhamnaceae

功效▌根及粗莖(藥材稱烏里乃)味微苦、澀，性平。能固腎益氣、化瘀止血、祛濕消腫、鎮咳止痛，治肺癆、消渴、胃痛、遺精、風濕關節痛、腰膝酸痛、跌打損傷、癰疽腫毒、風火牙痛、腦震盪、精神分裂症等。

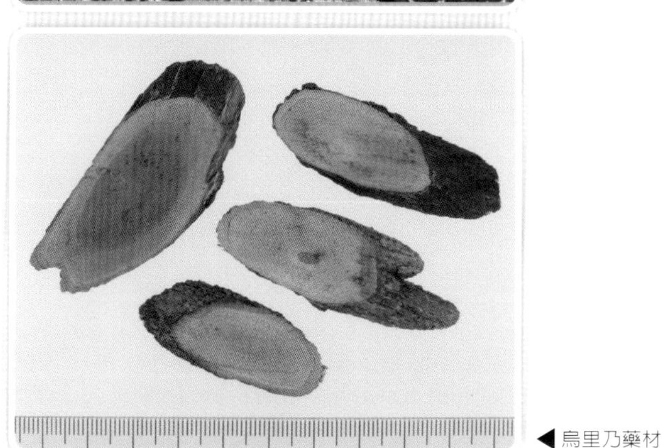

◀烏里乃藥材

椬梧

Elaeagnus oldhamii Maxim.

別名▌柿糊、福建胡頽子、鍋底刺、雞叩頭。

科名▌胡頽子科 Elaeagnaceae

功效▌粗莖及根(藥材稱椬梧根)味酸、澀，性平。能祛風理濕、下氣定喘、固腎，治腎虧腰痛、疲倦乏力、泄瀉、胃痛、消化不良、風濕關節痛、哮喘、久咳、盜汗、遺精、帶下、跌打損傷、小兒發育不良等。

桃金孃

Rhodomyrtus tomentosa (Ait.) Hassk.

別名▌山棯、水刀蓮、紅棯、哆哖仔。

科名▌桃金孃科 Myrtaceae

功效▌全株味甘、澀，性平。(1)根(藥材稱哆哖根)能收斂止瀉、祛風活絡、補血安神、止痛止血，治吐瀉、胃痛、消化不良、肝炎、痢疾、風濕關節痛、腰肌勞損、崩漏、脫肛等。(2)果實能補血止血、滋養安胎、澀腸固精、強健、降血糖，治血虛、吐血、病後體虛、痢疾、遺精、耳鳴等。

枸杞

Lycium chinense Mill.

別名▌地仙公、地骨(皮)、枸棘子、枸繼子、甜菜子。

科名▌茄科 Solanaceae

功效▌(1)成熟果實(藥材稱枸杞子)味甘，性平。能滋腎、潤肺、補肝、明目，治肝腎陰虛、腰膝酸軟、目眩、消渴、遺精等。(2)根皮(藥材稱地骨皮)味甘，性寒。能清熱、涼血，治肺熱咳嗽、高血壓。

枸杞子藥材▶

鱧腸

Eclipta prostrata (L.) L.

別名▌旱蓮草、田烏仔草、田烏菜、墨旱蓮、墨菜。

科名▌菊科 Compositae

功效▌全草(藥材稱旱蓮草)味甘、酸，性涼。能滋腎補肝、涼血止血、烏鬚髮、清熱解毒，治眩暈耳鳴、肝腎陰虛、腰膝酸軟、陰虛血熱、吐血、尿血、血痢、崩漏、外傷出血等。

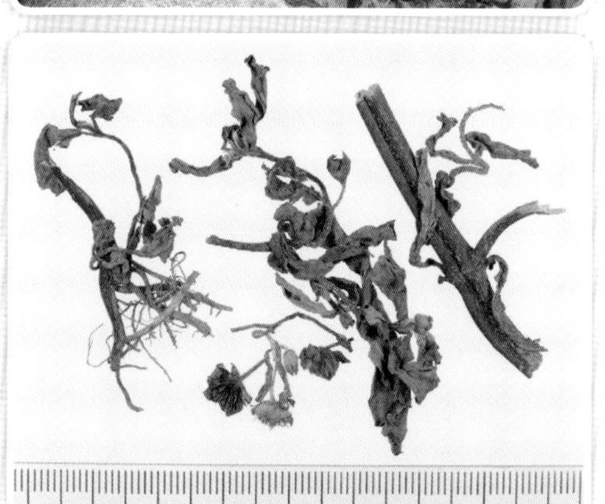

◀旱蓮草藥材

8 治腎虛陽痿之保健植物

臺灣天仙果

Ficus formosana Maxim.

別名▌細本牛乳埔、流乳根、羊乳埔、羊奶樹。

科名▌桑科 Moraceae

功效▌全株味甘、微澀，性平。能柔肝和脾、清熱利濕，治肝炎、腰肌扭傷、水腫、小便淋痛等。

編語▌本植物的根及粗莖(藥材稱羊奶頭或細本牛乳埔)為民間著名的補腎陽藥材。

猿尾藤

Hiptage benghalensis (L.) Kurz

別名▌ 風車藤。

科名▌ 黃褥花科 Malpighiaceae

功效▌ 藤味澀、苦，性溫。能溫腎益氣、澀精止遺，治腎虛陽痿、遺精、尿頻、自汗、盜汗、風寒濕痺等。

菟絲

Cuscuta australis R. Br.

別名▌ 豆虎、無根草、無娘藤、金線草、澳洲菟絲。

科名▌ 旋花科 Convolvulaceae

功效▌ 種子(藥材稱菟絲子)味辛、甘，性平。能補腎益精、養肝明目、固胎止泄，治腰膝酸痛、遺精、陽痿、早泄、不育、消渴、淋濁、遺尿、目昏耳鳴、胎動不安、流產、泄瀉等。

菟絲子藥材▶

9 能轉骨之保健植物

火炭母草

Polygonum chinense L.

別名▌冷飯藤、秤飯藤、赤地利、斑鳩飯。

科名▌蓼科 Polygonaceae

功效▌根(藥材稱秤飯藤頭)味酸、甘，性平。能益氣、行血、祛風、解熱，治氣虛頭昏、耳鳴、白帶、跌打等。

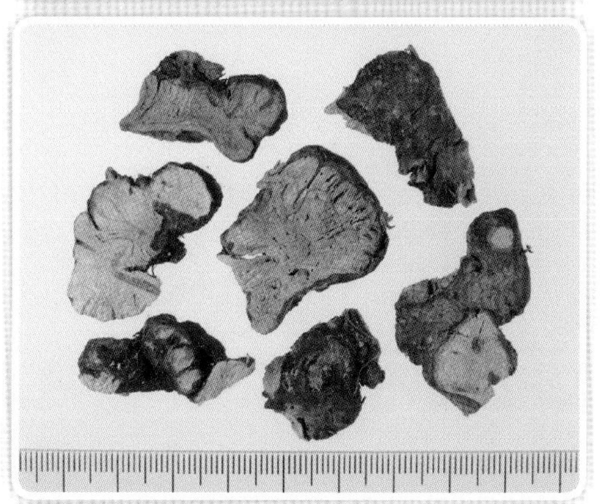

◀ 秤飯藤頭藥材

三點金草

Desmodium triflorum (L.) DC.

別名▌蠅翅草、呼神翅、小本土豆藤、四季春。

科名▌豆科 Leguminosae

功效▌全草味苦、微辛，性涼。能行氣止痛、利濕解毒、消滯殺蟲，治脾疳(消化不良、骨瘦如柴)、頭痛、咳嗽、腸炎痢疾、黃疸、關節痛、鉤蟲病、疥癬等。

九層塔

***Ocimum basilicum* L.**

別名▌羅勒、千層塔、香草、魚香、零凌香、蘭香子。

科名▌唇形科 Labiatae

功效▌根及粗莖(藥材稱九層塔頭)味辛，性溫。能祛風利濕、發汗解表、健脾化濕、散瘀止痛，治風寒感冒、頭痛、胃腹脹滿、消化不良、胃痛、泄瀉、月經不調、跌打損傷、小兒發育不良(俗稱得猴)等。

10 治腳氣、水腫之保健植物

樹豆

***Cajanus cajan* (L.) Millsp.**

別名▌蒲姜豆、木豆、白樹豆、番仔豆。

科名▌豆科 Leguminosae

功效▌(1)種子味甘、微酸，性溫。能清熱解毒、利水消腫、補中益氣、止血止痢，治水腫、血淋、痔血、癰疽腫毒、痢疾、腳氣等。(2)葉味淡，性平。能解痘毒、消腫，治小兒水痘、癰腫。

11 治尿毒症之保健植物

同蕊草

***Rhynchotechum discolor* (Maxim.) Burtt**

別名▌爛糟、白珍珠、珍珠癀。

科名▌苦苣苔科 Gesneriaceae

功效▌全草能清熱、利尿、鎮靜、解毒、消炎，治咳嗽、糖尿病、肝病、失眠、甲狀腺腫大、尿毒症等。

編語▌本品於臺灣民間主要應用於尿毒症之治療。

其　他

1 治無名腫毒之保健植物

黃花美人蕉
Canna flaccida Salib.

別名　黃花曇華。

科名　美人蕉科 Cannaceae

功效　塊莖(稱蓮蕉頭)味甘、淡，性涼。能止痛、消腫、止痢，治無名腫毒、肝炎、黃疸、跌打損傷、淋巴腫瘤等。

日本女貞
Ligustrum liukiuense Koidz.

別名　女貞木、冬青木、東女貞。

科名　木犀科 Oleaceae

功效　葉味苦、微甘，性涼。能清熱、止瀉，治頭目眩暈、火眼、口瘡、無名腫毒、水火燙傷等。

編語　本植物的芽及葉可代茶用，有消暑作用。

冇骨消

Sambucus chinensis Lindl.

別名 七葉蓮、陸英、臺灣蒴藋、接骨草。

科名 忍冬科 Caprifoliaceae

功效 全草味甘、酸，性溫，有小毒。能清熱解毒、利尿消腫、活血散瘀、解熱鎮痛，治肺癰、風濕關節炎、無名腫毒、腳氣浮腫、泄瀉、黃疸、咳嗽痰喘等；外用治跌打損傷、骨折。

兔兒菜

Ixeris chinensis (Thunb.) Nakai

別名 小金英、苦尾菜、蒲公英、鵝仔菜、兔仔菜。

科名 菊科 Compositae

功效 全草味苦，性涼。能清熱解毒、涼血止血、消腫止痛、活血調經、祛腐生肌，治無名腫毒、陰囊濕疹、風熱咳嗽、泄瀉、痢疾、吐血、衄血、跌打損傷、骨折、肺炎、肺癰、尿道結石等。

2 治癰瘡腫毒之保健植物

波葉青牛膽

Tinospora crispa (L.) Hook. f. & Thoms.

別名 (多瘤)寬筋藤、苦藤、綠包藤、小賴藤、發冷藤、綠藤。

科名 防己科 Menispermaceae

功效 藤莖味苦，性涼。能活血消腫、清熱解毒、止痢、截瘧，治跌打損傷、骨折、毒蛇咬傷、癰癤腫毒、痢疾、瘧疾等。

野牡丹葉冷水麻

Pilea melastomoides (Poir.) Wedd.

別名　醬草(台語)、大冷水麻、長序冷水花、三脈冷水花。

科名　蕁麻科 Urticaceae

功效　全草味淡、澀，性平。能祛瘀止痛、清熱解毒，治跌打損傷、骨折、丹毒、無名腫毒、癰疽瘡瘍等。

編語　本植物民間俗稱「醬草」，可能與其專治流膿發癀傷口有關，「醬」(台語)形容傷口流湯流膿之狀。

野梧桐

Mallotus japonicus (Thunb.) Muell.-Arg.

別名　野桐、白葉仔、白肉白匏仔。

科名　大戟科 Euphorbiaceae

功效　根味微苦、澀，性平。能清熱解毒、收斂止血，治消化不良、潰瘍、外傷出血、慢性肝炎、脾腫大、帶下、中耳炎等。

虱母

Urena lobata L.

別名　肖梵天花、紅花地桃花、假桃花、野棉花、三腳破。

科名　錦葵科 Malvaceae

功效　全草(或根)味甘、辛，性平。能清熱解毒、祛風利濕、行氣活血，治水腫、風濕、痢疾、吐血、刀傷出血、跌打損傷、毒蛇咬傷等。

編語　本植物的根及粗莖為民間治療疔瘡、粒仔之重要藥材。

指甲花

Lawsonia inermis L.

別名 散沫花、染指甲、番櫃、指甲木、乾甲樹。

科名 千屈菜科 Lythraceae

功效 葉味苦，性涼。能清熱、解毒，治外出血、瘡瘍等。

3 治婦人產後口渴之保健植物

荔枝

Litchi chinensis Sonn.

別名 荔支、麗枝。

科名 無患子科 Sapindaceae

功效 果殼(藥材稱荔枝殼)味苦，性涼。能除濕止痢、止血，治產後口渴、痢疾、濕疹等。

荔枝殼藥材

大青

Clerodendrum cyrtophyllum Turcz.

別名　鴨公青、觀音串、埔草樣、臭腥仔、細葉臭牡丹。

科名　馬鞭草科 Verbenaceae

功效　粗莖及根(藥材稱觀音串)味苦，性寒。能清熱解毒、祛風除濕，治腦炎、腸炎、黃疸、咽喉腫痛、感冒頭痛、痲疹併發咳喘、肝炎、痢疾、婦人產後口渴等。

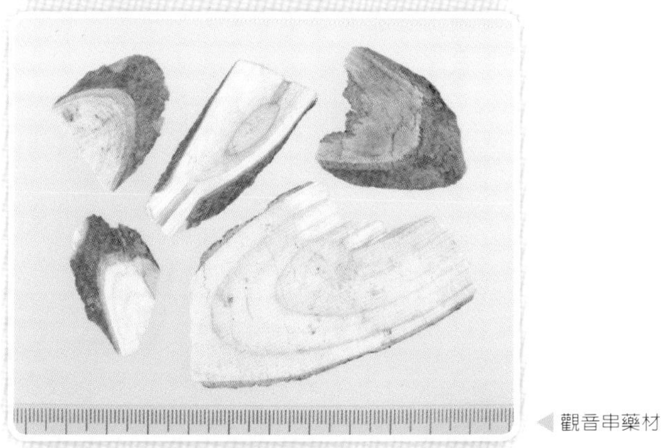

◀ 觀音串藥材

4 治產婦乳汁不下之保健植物

青牛膽

Thladiantha nudiflora Hemsl. ***ex*** Forb. & Hemsl.

別名　南赤爬、裸花赤爬、秦嶺赤爬、老蛇頭、毛瓜。

科名　葫蘆科 Cucurbitaceae

功效　根味苦，性寒。能通乳、清熱、利膽，治乳汁不下、乳房脹痛等。

野牡丹

Melastoma candidum D. Don

別名 王不留行、大金香爐、山石榴、九螺仔花。

科名 野牡丹科 Melastomataceae

功效 粗莖及根(藥材稱王不留行)味苦、澀，性平。能清熱解毒、利濕消腫、散瘀止血、活血止痛，治食積、泄痢、肝炎、跌打、癰瘡腫毒、外傷出血、衄血、咳血、吐血、便血、月經過多、崩漏、產後腹痛、白帶、乳汁不下等。

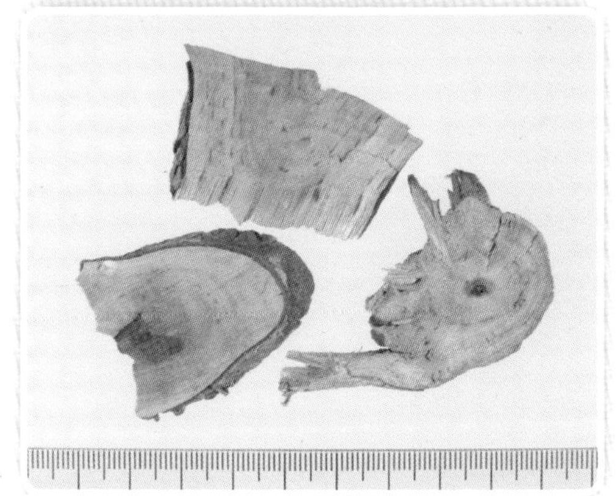

王不留行藥材

參考文獻

(※依作者或編輯單位筆劃順序排列)

◎ 甘偉松，1964～1968，臺灣植物藥材誌（1～3輯），臺北市：中國醫藥出版社。
◎ 甘偉松，1985，臺灣藥用植物誌（卷上），臺北市：國立中國醫藥研究所。
◎ 甘偉松，1991，藥用植物學，臺北市：國立中國醫藥研究所。
◎ 林宜信、張永勳、陳益昇、謝文全、歐潤芝等，2003，臺灣藥用植物資源名錄，臺北市：行政院衛生署中醫藥委員會。
◎ 邱年永、張光雄，1983～2001，原色臺灣藥用植物圖鑑（1～6冊），臺北市：南天書局有限公司。
◎ 洪心容、黃世勳，2002，藥用植物拾趣，臺中市：國立自然科學博物館。
◎ 洪心容、黃世勳，2006，臺灣婦科病藥草圖鑑及驗方，臺中市：文興出版事業有限公司。
◎ 洪心容、黃世勳，2007，實用藥草入門圖鑑，臺中市：展讀文化事業有限公司。
◎ 高木村，1985～1996，臺灣民間藥（1～3冊），臺北市：南天書局有限公司。
◎ 黃世勳，2009，彩色藥用植物解說手冊，臺中市：臺中市藥用植物研究會。
◎ 黃世勳，2009，臺灣常用藥用植物圖鑑，臺中市：文興出版事業有限公司。
◎ 黃世勳，2010，臺灣藥用植物圖鑑：輕鬆入門500種，臺中市：文興出版事業有限公司。
◎ 黃世勳、林宗輝、余建財，2011，常見藥用植物圖鑑：強力推薦500種，臺中市：文興出版事業有限公司。
◎ 黃冠中、黃世勳、洪心容，2009，彩色藥用植物圖鑑：超強收錄500種，臺中市：文興出版事業有限公司。
◎ 臺中市藥用植物研究會，2006，臺灣民間藥草實驗錄，臺中市：文興出版事業有限公司。
◎ 臺灣植物誌第二版編輯委員會，1993～2003，臺灣植物誌第二版（1～6卷），臺北市：臺灣植物誌第二版編輯委員會。
◎ 謝文全等，2002～2004，臺灣常用藥用植物圖鑑（1～3），臺北市：行政院衛生署中醫藥委員會。